經營顧問叢書 ⑶⁰⁴

U0070548

生產部流程規範化管理（增訂二版）

劉福海　編著

憲業企管顧問有限公司　　發行

《生產部流程規範化管理》〈增訂二版〉

序　言

一套健全的生產部規範化管理制度和管理方式，對於企業的意義十分重大。

企業管理體系是企業的中樞神經系統，擔負著企業的管理工作，能夠創造有序的內部環境，推動和保證企業的各環節有序進行、相互之間的協調。為企業的發展提供強有力的支援。

把工作流程與規範管理落實，進而落實到生產部門的每一個工作崗位和每一件工作事項，是高效執行精細化管理的務實舉措，只有層層實行規範化管理，事事有規範，人人有事幹，辦事有標準流程，工作有方案，才能提高企業的整體管理水準，從根本上提高企業的執行力，增強企業的競爭力。

本書介紹生產部門的每一個工作流程與制度，包括工作事項、敘述具體的職責、制度、表格、流程和方案，是一本關於生產部門規範化管理的實務工具書。

本書在 2014 年 9 月增補、修正，增加更多實際運作出現的管理問題，本書是生產管理人員開展工作的範例庫、工具書和執行手冊，適合企業管理者、工廠部門主管、生產部門工作崗位的人員，以及所有有志於企業管理工作的讀者。

2014 年 9 月

《生產部流程規範化管理》〈增訂二版〉

目　錄

第 3 章　生產計劃管理 / 46

第 6 章　生產品質管制 ／ 167

第 7 章　生產設備管理 ／ 193

第 10 章　生產安全管理 / 276

第 *1* 章

生產部的組織結構與管理職權

第一節 生產部的組織結構

一、生產部職能

生產部在企業中承擔以下一些職能。

(1)設計企業的產能，編制企業生產規劃、長期生產計劃及生產人員配置計劃。

(2)建立生產流程，制訂生產管理制度，並監督實施。

(3)制定企業的中短期生產計劃，並組織實施。

(4)協調產銷、交貨、品質管制等有關事項。

(5)月生產任務的安排與落實。

(6)產品開發與技術的管理。

(7)各工廠的人員配置與協調。

(8)生產所需物資的管理，及時跟蹤物料供應情況，倉儲的管理。

(9)依據生產計劃對生產過程進行監控，對各種生產異動的處理及問題回饋。

(10)生產過程中的具體技術問題的研討與處理。

(11)組織進行生產統計工作，收集第一手的生產資訊。

(12)制定生產作業規範。

(13)生產進度的控制與管理。

(14)現場管理及「5S」的推行。

(15)生產過程中的環境維護與污染防治。

(16)進行安全生產教育，減少事故的發生。

(17)各工廠生產績效的管理。

(18)生產設備的管理，包括設備的維護及保養、設備負荷的合理設計等。

(19)組織編制產品檢驗流程、產品品質管制制度，實行全面品質管制。

(20)辦理品質方面的各種認證，如撰寫產品的品質檢驗報告、標識的確認、商標註冊、條碼、專利申請等，以及起草新產品的標識，協助有關部門辦理企業或產品的各種品質認證等。

(21)生產系統的成本控制，節約開支，杜絕浪費，力求高效率低成本地生產。

二、生產部組織結構

一般情況下，生產部組織結構如下圖所示。

生產部組織結構圖

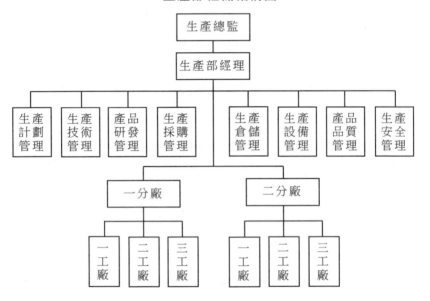

第二節　生產部的責權

一、生產部職責

（一）生產計劃管理機構的職責

生產計劃管理機構的主要職責如下。

1. 制定綜合生產計劃，經批准後組織實施

2. 調配生產任務，審核、登記和分發訂單

3. 制定並實施生產日程計劃

4. 生產計劃的檢查與進度控制

5. 受理、分析生產報表，統計生產負荷，進行產銷平衡的調度

6. 生產預算的管理與控制，生產用料的管理與控制，生產製造成本的控制

7. 生產效率的管理與改善

8. 實施標準生產作業方法，改善生產製造方法

9. 生產現場管理，生產現場的資產管理

10. 負責各個工廠的協調工作，與行銷各部門溝通、聯繫、協調

11. 其他相關職責

（二）生產技術管理機構的職責

生產技術管理機構的主要職責如下。

1. 根據生產發展規劃，進行產品技術流程的設計與改善

2. 制訂技術改造方案和計劃並組織實施，提高生產技術水準和產品品質

3. 工廠佈置、生產線佈置的設計

4. 制定和修訂生產成本定額、工時定額、技術材料消耗定額

5. 客戶原樣藍圖（定制或委託加工）的研究與保管

6. 各項操作規範的制定與檢查，樣品製造進度控制

7. 一線工人作業方法的設計、改善、簡化、策劃與推行

8. 制定技術文件，檢查、考核技術紀律的貫徹執行情況

9. 其他相關職責

(三)產品研發管理機構的職責

在生產部，產品研發管理機構所擔負的主要職責如下。

1. 制定新產品開發計劃，參與新產品的開發
2. 現有產品在設計上的研究與改良
3. 制訂新產品設計方案，參與設計過程中的各種評審
4. 新產品使用說明與使用跟蹤
5. 會同企劃部做好新產品的上市企劃工作
6. 參與制定產品推廣方案
7. 新產品項目技術可行性調研
8. 其他相關職責

(四)生產設備管理機構的職責

生產設備管理機構的主要職責如下。

1. 編制設備採購、維修、報廢計劃，經批准後實施
2. 編制設備採購預算，經批准後實施
3. 設備檢查、改良、技術改造、保養、維修等管理工作
4. 設備修理工廠的管理
5. 制定設備操作規程，組織設備使用的培訓，檢查設備安全使狀況。
6. 設備實物的核算、賬卡管理
7. 設備的調撥、轉移與報廢管理
8. 參與生產能力分析
9. 其他相關職責

(五)生產品質管制機構的職責

在生產部，生產品質管制機構所擔負的主要職責如下。

1. 制定生產品質管制的各項制度，批准後實施
2. 原料入廠的品質檢驗及異常情況處理，包括外協產品、來料的品質檢驗
3. 生產製造過程中的品質檢查與記錄
4. 成品檢查與記錄，成品各項功能的測驗
5. 生產品質異常的處理與追蹤，生產品質問題的分析與報告
6. 不合格產品的管理與控制
7. 協同處理品質投訴，對客戶回饋的產品品質問題進行鑑定改進工作
8. 執行生產品質管制的各種活動，組織品質體系的推行與認證
9. 其他相關職責

(六) 生產採購管理機構的職責

在生產部，採購管理機構所擔負的主要職責如下。

1. 根據生產作業計劃，編制不同時期的物料採購計劃，經批准後組織採購
2. 編制採購預算，經批准後實施
3. 與供應商洽談業務、簽訂合約，做好供應商資料的收集、整理、選擇、保管工作
4. 做好市場供求資訊調查，保質、優質採購，確保生產的需要
5. 做好物料消耗分析，在保證生產需要的前提下降低資金佔用、減少庫存
6. 收集市場的價格資訊，利用各種途徑降低成本，完成採購成本控制指標
7. 受理各類採購申請
8. 負責採購的結算工作

9. 其他相關職責

(七)生產倉儲管理機構的職責

在生產部,倉儲管理機構的主要職責如下。

1. 負責物料、半成品、成品出入庫的綜合管理工作
2. 按照儲備定額和物資儲備計劃,調查倉庫內各類物資的存儲情況,做到超貯報警
3. 嚴格履行出入庫手續,填寫出入庫記錄(賬、卡、單)
4. 建立資訊管理系統,保證庫存物資的賬物相符
5. 妥善保管庫存物資,做好貯存、防護和檢查工作,按時填寫庫存物資統計報表
6. 根據需求計劃(生產計劃、銷售訂單及生產作業進度),限額發料
7. 編制呆料、邊角廢料、廢舊物資和包裝物的分類管理報表,經批准後加以處理
8. 編制滯銷品、次品、廢品的分類管理報表,經批准後進行處理
9. 保持庫容整潔,做好倉庫安全工作,嚴格執行倉庫的安全管理制度
10. 物料退貨、退庫成品的記賬核算
11. 物料、半成品、成品的盤存並分別編制盤存報表
12. 制定並實施物料、半成品、產成品存量控制方案
13. 其他相關職責

(八)生產安全管理機構的職責

生產安全管理機構擔負著生產部安全事項的管理工作,其主要職責下。

1. 制定企業的安全生產管理制度及獎懲制度
2. 組織編制工廠安全生產規劃、環境保護的長遠規劃、工廠安全改進措施及計劃
3. 組織貫徹執行各項安全生產規程、規範和安全生產強化管理辦法
4. 根據企業的相關制度，對生產部的安全工作進行監督、檢查、考核
5. 組織定期、不定期的安全消防檢查，組織開展安全生產和消防檢查評比活動
6. 組織工廠重大事故的現場調查、處理工作，提交事故報告、經驗教訓小結和處理意見
7. 其他相關職責

二、生產部權力

(一)生產計劃管理機構的權力

生產計劃管理機構的權力如下。

1. 參與生產政策制定的權力
2. 參與產品開發戰略制定的權力
3. 參與年度、季、月生產計劃的制定，並提出意見或建議的權力
4. 內部員工及各工廠主任、班組長違規行為處罰的權力
5. 對內部員工及各工廠主任、班組長考核的權力
6. 內部員工及工廠主任、班組長僱用、解聘的建議權
7. 開展內部工作的自主權
8. 要求相關部門、科室配合工作的權力
9. 對影響生產的其他人員提請處罰的權力

10. 向生產部經理提交改進生產計劃管理制度和流程並獲得答覆的權力

11. 其他相關權力

(二)生產技術管理機構的權力

對生產技術管理機構的權力如下。

1. 對生產經營中的技術問題有決策權

2. 對產品開發、技術改造、技術引進、年度技術措施和設備修理、更新等計劃有審定權

3. 組織制定並修改技術管理方面的規章制度和技術責任制的權力

4. 對技術任務書、技術平面佈置和設計總圖及技術標準有審批權

5. 對不執行管理制度、違反技術規範的行為加以制止和提請處罰的權力

6. 對內部員工錄用、調動、晉升、調資、獎勵有參與權及建議權

7. 對各工廠主任的考核有參與權及建議權

8. 對工廠一線工人的考核有參與權及建議權

9. 向生產部經理提交改進生產技術管理制度和流程並獲得答覆的權力

10. 其他相關權力

(三)產品研發管理機構的權力

產品研發管理機構的權力如下。

1. 參與生產政策制定的權力

2. 對產品開發戰略、新產品項目有審核權

3. 對年度、季、月生產計劃有建議權

4. 內部員工考核及獎懲的權力

5. 對各工廠主任的考核有參與權及建議權

6. 內部員工僱用、解聘的建議權

7. 向生產部經理提交改進產品研發管理制度和流程並獲得答覆的權力

8. 要求相關人員配合工作的權力

9. 其他相關權力

（四）生產設備管理機構的權力

生產設備管理機構的權力如下。

1. 參與產能規劃制定的權力

2. 對各工廠的設備管理工作有監督權、檢查權、考核權

3. 對小規模設備改造有審批權，對大規模設備改造有建議權

4. 簽訂小型設備加工、改造、維修合約的權力

5. 對大修、技改、擴容項目有建議權

6. 對設備維護不到位的個人有處罰權

7. 對違反設備操作規範的行為和過失有提請處罰的權力

8. 向生產部經理提交改進生產設備管理制度和流程並獲得答覆的權力

9. 其他相關權力

（五）生產品質管制機構的權力

生產品質管制機構的權力如下。

1. 參與企業生產政策制定的權力

2. 對有關品質管制制度的執行情況有監督權、檢查權

3. 依品質管制程序和制度，對品質事故提請處罰的權力

4. 對品質問題的調查權

5. 重大品質事故越級彙報的權力

6. 內部員工僱用、考核、獎懲及解聘的權力

7. 對工廠一線工人的考核有參與權

8. 向生產部經理提交改進生產品質管制制度和流程並獲得答覆的權力

9. 其他相關權力

(六)生產採購管理機構的權力

生產採購管理機構的權力如下。

1. 參與企業生產政策制定的權力

2. 對年度、季、月生產計劃的制定有建議權

3. 起草和修改生產物料採購計劃的權力

4. 與供應商簽署採購合約、進行結算的權力

5. 重大品質事故越級彙報的權力

6. 內部員工僱用、考核、獎懲及解聘的權力

7. 向生產部經理提交改進生產物資採購管理制度和流程並獲得答覆的權力

8. 其他相關權力

(七)倉儲管理機構的權力

倉儲管理機構的權力如下。

1. 對出入庫物資數量、品種的覆核權

2. 對倉庫報廢物資的認定、審核權

3. 對補庫產品採購數量、品種的覆核權

4. 年度、季、月生產計劃的參與權

5. 內部員工僱用、考核、獎懲及解聘的權力

6. 向生產部經理提交改進生產部倉儲管理制度和流程並獲得答覆的權力

7. 其他相關權力

（八）生產安全管理機構的權力

生產安全管理機構的權力如下。

1. 對生產安全管理制度貫徹實施情況的監督權

2. 對違反安全管理制度的行為和過失有提請處罰的權力

3. 對安全事故的調查處理權

4. 對重大安全事故的越級彙報權

5. 內部員工僱用、考核、獎懲及解聘的權力

6. 對工廠一線工人的考核參與權

7. 向生產部經理提交改進生產安全管理制度和流程並獲得答覆的權力

8. 其他相關權力

心得欄

第三節　生產部管理崗位的職責

一、生產總監崗位職責

生產總監的主要職責是，根據企業總體戰略，完成總經理下達的年度經營指標；在生產、安全、品質、能源、設備和技術改進方面，建立和完善管理體系，構建良好的溝通管道，組織完成生產部門的工作目標和任務，其具體崗位職責如下。

1. 根據企業的經營計劃，主持制定生產戰略規劃，制定年度、季、月生產計劃

2. 組織制定生產、品質、安全、設備與技術改進等的年度計劃、目標及任務

3. 組織制定和完善生產管理、工廠管理等各項管理制度，並監督實施

4. 參與審核新產品開發方案，並組織試生產工作

5. 負責生產系統的空間和時間的組織、計劃、控制與管理

6. 負責生產部門的人員配置、組織管理、設備配備及工作進度安排

7. 進行生產調度、管理的控制，負責生產能力與行銷需求能力的平衡控制

8. 組織擬訂生產部門的內部機構設置，制定內部管理方案，提高管理效率

9. 組織實施生產成本控制工作，做好成本統計工作，配合財務總監實施成本考核

10. 每月聽取月品質工作報告，指導產品品質控制工作，及時處理產品品質方面存在的重大問題，組織生產部參與全面品質管制體系、ISO 管理體系的建立

11. 協調生產部內部的關係，協調生產部與企業其他部門的關係，保證生產流程的順暢

12. 指導制定生產系統內部的工作績效考核方案

13. 完成總裁交辦的其他工作任務

二、生產部經理崗位職責

生產部經理的主要職責是，協助生產總監完成生產部的任務指標，組織安排生產相關事宜，其具體崗位職責如下。

1. 協助生產總監制訂生產系統的各類管理制度，並監督實施

2. 根據月生產計劃制定生產的週計劃和日計劃，進行合理的生產日程安排，並監督生產作業計劃的實施

3. 按照已制定的技術流程組織生產，經批准後，組織技術流程的改進工作

4. 負責安排生產物資的調度，負責安排各生產班組的總體人員數量，調配人員比例

5. 瞭解各工廠人員配置情況、人員流動動向，提前安排人員進行上崗培訓

6. 監督、檢查各工廠生產計劃的執行情況，生產過程中有關異動問題的解決、彙報

7. 組織進行生產過程中各參數的統計及生產跟蹤，收集、整理、分析與生產有關的各項基礎數據，為生產決策提供依據

8. 生產過程各環節的品質控制，品質問題處理及品質改善，分

析、解決技術問題

9. 負責控制生產原料、生產物資的品質和消耗,針對存在的問題制定改進措施

10. 合理設計設備負荷,合理調配生產,提高設備的利用率

11. 負責檢查日常生產的現場狀況,「5S」管理和其他生產標準的推行

12. 負責處理生產異常情況:制訂一般事故的處理規範,具體處理重大生產事故

13. 匯總、整理、彙報事故處理的全過程,處理重大人為事故的責任人

14. 組織安全生產的教育與培訓,減少生產事故的發生

15. 制定生產考核計劃,依照計劃對生產班組的產量、品質、消耗進行考核和指導

16. 組織各工廠人員及管理人員的績效考核工作,協助人力資源管理部門開展工廠職工的崗前培訓工作,負責工廠管理人員的培養、選拔、使用、考核和任免

17. 完成生產總監交辦的其他工作任務

三、交接班運行細則

第 1 章 總則

第 1 條 目的

為了規範工廠生產現場連續工作崗位人員的交接班管理,提高交接班的速度與品質,避免因交接班而造成現場生產事故或失誤,特制定本細則。

第 2 條 適用範圍

本細則適用於工廠現場的連續工作崗位的交接工作。

第 3 條 職責劃分

1. 生產經理負責審批交接班管理制度並監督執行情況。

2. 主任、調度主管負責制定和組織實施交接班制度及計劃，並監督班次交接程序，不斷改進排班表。

3. 班組長負責班次交接的組織實施與管理，處理交接班過程中的問題。

4. 各班組操作人員按照規定進行班次交接，完成交接任務。

第 2 章 班前會管理

第 4 條 班前會的召集

1. 交接班雙方的值班班長、接班的全體人員必須參加，白班交接時要有一名工廠主管參加。

2. 參會人員必須穿戴工作服、工作帽，嚴禁穿高跟鞋和帶釘子的鞋。

3. 提前 20 分鐘點名。

第 5 條 班前會的內容

1. 交班值班班長介紹上一班情況，包括生產、技術指標、設備使用、異常情況及事故、目前存在的問題等。

2. 各崗位彙報班前檢查情況。

3. 接班值班班長安排工作。

4. 做出具體指示。

第 3 章 接班管理

第 6 條 接班前準備

1. 接班者必須提前 30 分鐘到崗。

2.檢查生產、技術指標、設備記錄、消耗物品、工具和衛生等情況。

3.提前 20 分鐘召開班前會。

第 7 條 接班人進一步檢查,如沒有發現問題應及時交接班,並在操作記錄上簽字。

第 8 條 崗位一切情況均由接班者負責,接班者應將上一班最後一小時的數據填入操作記錄中,並將技術條件保持在最佳狀態。

第 9 條 遵守「三不接」原則,即崗位檢查不合格不接班、事故沒有處理完畢不接班、交班者不在不接班。

第 4 章　交班管理

第 10 條 交班原則

遵守「三不交」原則,即接班者未到不交班、接班者沒有簽字不交班、事故沒有處理完畢不交班。

第 11 條 交班前的準備工作

1.一小時內不得任意改變負荷和技術條件,生產要穩定,要將技術指標控制在規定範圍之內,應及時消除生產中的異常情況。

2.檢查設備是否運行正常。

3.認真做好原始記錄和巡迴檢查記錄。生產概況、設備儀錶使用情況、事故和異常狀況均應記錄在記事本上。

4.提前為下一班儲備消耗物品。

5.接班者到崗後,交班者需詳細介紹本班生產情況,解釋記事欄中的主要事情,回答問題。

第 12 條 班後會的召開

1.交班的全體人員均要參加,白班交班時必須有一名工廠主管參加。

2. 交班後應準時召開班後會。

第 13 條　班後會內容

1. 各崗位人員介紹本班情況。

2. 值班主任作綜合發言。

3. 做出具體指示。

第 5 章　交接班檢查與考核

第 14 條　交接班問題處理

1. 各工廠負責交接班管理工作，若交接班過程中發現問題則由雙方班組長協商處理。

2. 意見不統一時，由主任裁決後執行，重大問題要向生產部報告，組織有關人員採取解決措施。

3. 交接班各相關問題及解決方案均需詳細、真實地記錄下來。

**第 15 條　**未做好交接班手續即離開崗位者，扣除當天薪資。

**第 16 條　**如在交班記錄中有意隱瞞事故，由此產生的後果由交班者負責，交接班後發生的事故由接班者負責。

**第 17 條　**接班時未仔細查看有關記錄即開始生產者，由此產生的事故由接班者負責。

**第 18 條　**凡發生偏差時，必須由發現人填寫「偏差通知單」，寫明品名、批號、規格、批量、工序、偏差的內容，發生的過程及原因、地點，由填表人簽字並註明日期。將「偏差通知單」交給工廠管理人員，並通知主任及品質管理部門負責人。

**第 19 條　**主任會同品質管理部人員進行調查，根據調查結果提出處理意見。

1. 確認不影響產品最終品質的情況下繼續生產。

2. 確認不影響產品品質的情況下進行返工或採取補救措施。

3. 確認不影響產品品質的情況下採取再回收、再利用的措施。

4. 確認可能影響產品品質的情況下應報廢或銷毀。

第 20 條 工廠將調查結果及需採取的措施，制出書面報告，一式三份，經工廠主任簽字後附在「偏差通知單」後，上報生產部、品質管理部負責人，經其常核、批准簽字。

第 21 條 工廠按批准的措施組織實施，實施過程需在工廠主任和品質管理部門人員的控制下進行，並詳細記錄，同時將「偏差報告單」及調查報告和處理措施報告附於記錄後。

第 22 條 工廠如出現設備異常，由設備管理部負責解決，維修時應有記錄及配件使用記錄，並記錄異常情況的產生點，制定處理辦法。

第 23 條 調查發現可能與本批次前後生產批次的產品有關，則立即通知品質管理部負責人，採取措施停止相關批次的放行直到調查確認後確定處理措施。

心得欄 _____

_____

_____

_____

_____

_____

第 2 章

產 品 研 發 管 理

第一節　產品研發的工作崗位職責

一、產品研發主管崗位職責

1. 行業資訊的收集、整理與研究,做好新產品的可行性論證、立項

2. 根據企業的業務規劃、市場需求、資源情況,制定產品研發計劃

3. 組織成立新產品開發小組,監督新產品的日常管理工作,發現問題及時解決

4. 協調市場部、銷售部與各開發小組之間的資訊溝通,不斷地改進新產品

5. 協調各開發小組的關係,增加彼此的配合與協作,不定期召開

協調會

6. 組織新技術改造項目小組，監督檢查新技術改造工作

7. 參與各開發小組工作難點技術攻關，協調各攻關小組的技術攻關工作

8. 擬定企業科技攻關項目，組織編制省、市科技攻關計劃申請書

9. 編制、修訂新產品、新技術的改造管理制度

10. 組織實施新產品、新技術的管理制度

11. 總結、考核攻關小組工作成果

12. 參與新產品的市場開發工作，協助新技術的推廣

13. 完成領導交代的其他工作

產品研發主管主要負責企業新產品和新技術的開發，協調新產品開發相關部門的關係，研究行業技術發展，組織技術革新改造，組織參與新產品。新項目技術難點的攻關，組織編制企業技術資料文件，參與新產品的市場開發和技術推廣工作等工作事項，其具體工作如上。

二、產品研發專員崗位職責

產品研發專員主要負責科研計劃的執行，跟蹤國內外行業產品發展趨勢，實施新技術、新技術的項目攻關，負責新產品的設計、試製和性能測試，負責企業老產品的革新，編制新產品新技術管理制度等，其具體工作事項如下。

1. 根據研發部主管下達的工作任務制定工作計劃，定期彙報工作和研究成果

2. 瞭解國內外產品發展趨勢，提供趨勢分析報告，對新產品的創新提出建議

3. 根據新產品開發計劃，實施新產品的設計、試製和性能測試
4. 定期向主管提供新產品開發報告和完整的新產品技術資料
5. 協助技術工程師完成新技術項目的攻關
6. 從銷售部獲取產品資訊，提出產品革新的建議
7. 和生產部協商，提出產品革新的方案，參加老產品革新的評審會
8. 撰寫新產品研發和老產品革新報告
9. 負責技術資料的更新、技術資料及試製樣品資料的保存與管理
10. 具體編制新產品、新技術的管理制度
11. 完成領導交辦的其他事項

心得欄

第二節　產品研發的流程

一、產品研發流程圖

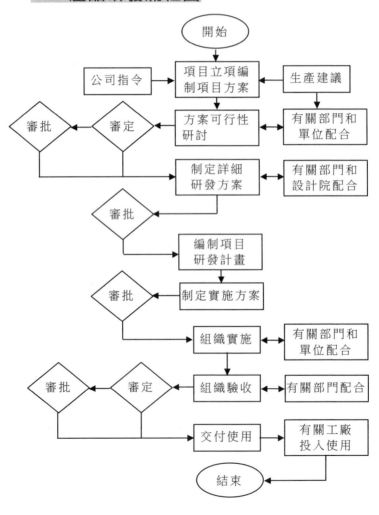

二、產品研發的審查流程圖

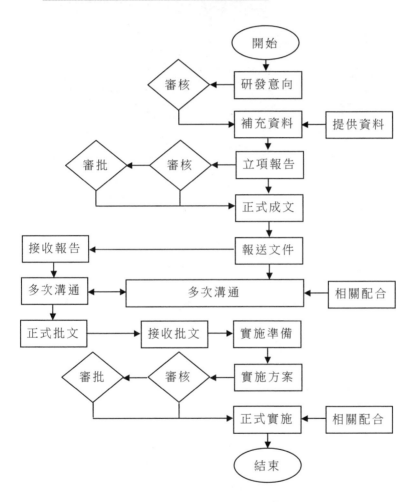

三、產品研發過程管理流程圖

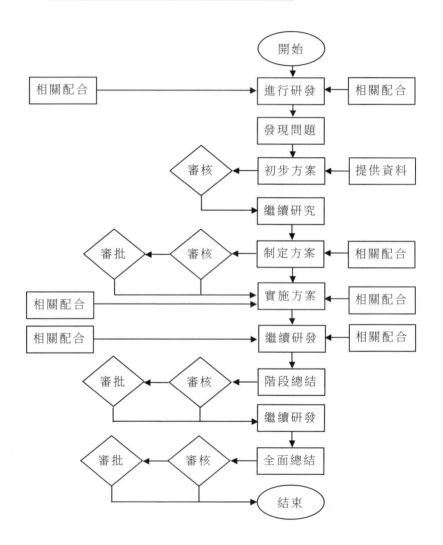

四、產品研發驗收流程圖

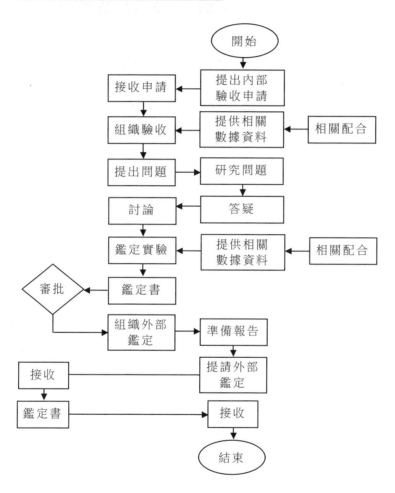

第三節　產品研發管理制度

一、新產品試製與經費使用制度

第1章　試製準備

第 1 條　新產品試製是在產品按科學程序完成「三段設計」的基礎上進行的，是正式投入批量生產的前期工作，試製一般分為樣品試製和小批試製兩個階段。

第 2 條　樣品試製指根據設計圖紙、技術文件和少數必要的工具，由試製工廠試製出一件(非標準設備)或數十件樣品，然後按要求進行試驗，藉以考驗產品結構、性能和設計圖的技術性，考核圖樣和設計文件的品質。

第 3 條　樣品試製完全在研究所內進行。

第 4 條　小批試製是在樣品試製的基礎上進行的，它的主要目的是考核產品技術性，驗證全部技術文件和技術裝備，並進一步校正和審驗設計圖紙。此階段以研究所為主，由技術室負責技術文件和工具設計，試製工作部門轉移到生產工廠進行。

第 5 條　在樣品試製和小批試製結束後，分別對考核情況進行總結，並按標準要求編制下列文件。

(1)試製總結。

(2)形式試驗報告。

(3)試用(運行)報告。

第 2 章　新產品試製工作程序

第 6 條　進行新產品簡單技術設計：根據新產品任務書，設想廠房、面積、設備、測試條件等和簡略技術流程。

第 7 條　進行技術分析：根據產品方案設計和技術設計，做出材料改制、元件改裝、複雜自製件加工等技術分析。

第 8 條　進行產品生產圖的技術性審查。

第 9 條　編制試用技術卡片，包括以下各種類型的卡片。

(1)技術過程卡片(路線卡)。

(2)關鍵工序卡片(工序卡)。

(3)裝配技術過程卡(裝配卡)。

(4)特殊技術、專業技術守則卡。

第 10 條　根據產品試驗的需要，設計必不可少的工裝，在保證產品品質的前提下，充分利用現有工裝、通用工裝、組合工裝、簡易工裝、過渡工裝(如低熔點合金模具)等。

第 11 條　制定試製用材料消耗技術定額和加工工時定額。

第 12 條　零件製造、總裝配中應按品質保證計劃，加強品質管制和資訊回饋，並做好試製記錄，編制新產品品質保證要求和文件。

第 13 條　編寫試製總結。著重總結圖樣和設計文件的驗證情況，以及在裝配和調試中所反映出的有關產品結構、技術及產品性能方面的問題及其解決過程，並附上各種反映技術內容的原始記錄。樣品試製總結由設計部門負責編制，供樣品鑑定用，小批量試製總結由技術部門編寫，供批量試製鑑定用。

第 14 條　編寫型式試驗報告。它是產品經全面性能試驗後所編的文件，型式試驗的試驗項目、方法、試驗程序、步驟和記錄表格參照試製鑑定大綱規定，並由檢驗室負責按試製鑑定大綱編制型式試驗報告。

第 15 條　編寫試用(運行)報告。它是產品在實際工作條件下進行試用試驗後所編制的文件，試用(運行)試驗項目和方法由技術條件規定，試驗通常委託用戶進行，其試驗程序、步驟和記錄表格按鑑定大綱規定，報告由研究所負責編制。

第 16 條　編制特種材料及外購、外部協作零件定點定型報告，報告由研究所負責編制。

第 3 章　新產品試製經費使用

第 17 條　由上級機關按照有關規定撥給經費。

第 18 條　屬於企業的新產品科研計劃的項目，由企業自籌資金，按規定撥給經費。

第 19 條　企業對外的技術轉讓費用可作為開發新產品的科研費用。

第 20 條　新產品試製經費按單項預算撥給，單列帳戶，專款專用。費用經總工程師審查、企業負責人批准後，由研究所掌握，財務部監督執行，不准挪作他用。

二、新產品鑑定管理制度

第 1 章　新產品鑑定原則

第 1 條　鑑定是對新產品從技術上、經濟上作全面的評價，以確定是否可進入下階段試製或正式投產，要嚴肅認真和公正地進行。

第 2 條　在完成樣品試製和小批試製的全部工作後，按項目管理級別申請鑑定。

第 3 條　鑑定分為樣品試製後的樣品鑑定和小批試製後的小批試製鑑定，不准超越階段進行。

第 2 章　鑑定要求

第 4 條　屬於已投入正式生產的產品的系列，經過批准，樣品試製和小批試製鑑定可以合併進行，但必須具備兩種鑑定所應有的技術文件、資料和條件，不得草率馬虎。

第 5 條　按鑑定大綱備齊成套的圖樣及設計文件。

(1)備齊鑑定應具備的圖樣及設計文件，供鑑定委員會用。

(2)備齊生產應具備的圖樣及設計文件，作為產品定型後、正常投產時製造、驗收和管理用的成套資料。

(3)備齊隨產品出廠應具備的圖樣及設計文件，隨產品提交給用戶參考。

第 6 條　組織技術鑑定，履行技術鑑定書簽字手續，其技術鑑定的結論包括如下內容。

(1)樣品鑑定結論內容。

①審查樣品試製結果，設計結構和圖樣的合理性、技術性以及特種材料解決的可能性等，確定能否投入小批試製。

②明確樣品應改進的事項，搞好試製評價。

(2)小批試製鑑定結論內容。

①審查產品的可靠性，審查生產技術、工裝與產品測試設備，各種技術資料的完備與可靠程度，審查資源供應、外購外協件定點定型情況等，確定產品能否投入批量生產。

②明確產品製造應改進的事項，搞好產品生產工程評價。各階段應具備的技術文件及審批程序按產品圖樣、設計文件、技術文件的完整性及審批程序辦理。

第 3 章　新產品成果評審與報批

第 7 條　新產品(科研)成果根據鑑定級別，按照有關科技成果與

技術進步有關獎勵條例和工廠「關於技術改進與合理化建議管理議」辦理報審手續。

第 8 條　為節省開支,新產品(科研)成果評審會應儘量與新產品鑑定會合併進行。

第 9 條　成果報審手續必須在評審鑑定後 1 個月內辦理完畢。

第 10 條　成果獎勵分配方案由研究所共同商定後,報總工程師批准執行。

第 4 章　新產品證書辦理制度

第 11 條　新產品研究出來後,由評審小組評審。

第 12 條　新產品證書歸口由總工辦負責辦理。

第 13 條　研究所負責提供辦理證書的有關技術資料和文件。

第 14 條　在新產品鑑定後 1 個月內,總工辦負責辦理完新產品證書的報批手續。

三、新產品技術資料驗收制度

第 1 章　總則

第 1 條　新產品的開發必須具有批准的設計任務書(或建議書),由設計部門進行技術設計,工作圖設計經批准、審核、會簽後進行樣試。樣試圖標記為「S」,批試圖標記為「A」,批生產圖標記為「B」。A 和 B 的標記必需由總工程師組織召開會議確定。

第 2 條　每一項新產品要力求結構可靠,技術先進,具有良好的技術性。

第 3 條　產品的主要參數、型式、尺寸、基本結構應採用國家標準或國際同類產品的先進標準,在充分滿足使用需要的基礎上,做到

標準化、系列化和通用化。

　　第 4 條　　每一項新產品都必須經過樣品試製和小批試製後方可成批生產，樣試和小批試製的產品必須經過嚴格的檢測，具有完整的試製和檢測報告。部份新產品還必須具有運行報告。樣試、批試均由總工程師主持召集有關單位進行鑑定，並確定投產後是否和下一步工作安排在同一系列中。個別技術上變化很小的新產品，經技術部門同意，可以不進行批試，在樣品試製後，直接辦理成批投產的手續。

　　第 5 條　　新產品移交生產線由總師辦組織、總工程師主持召開有設計、試製、計劃、生產、技術、品管、檢查、標準化、技術檔案、生產工廠等各有關部門參加的鑑定會，多方面聽取意見，對新產品從技術、經濟上做出評價，確認設計、技術規程、技術裝備沒有問題後，提出關於是否正式移交生產線及移交時間的意見。

　　第 6 條　　批准移交生產線的新產品，必須有產品技術標準、技術規程、產品裝配圖、零件圖、工裝圖以及其他有關的技術資料。

　　第 7 條　　移交生產線的新產品必須填寫「新產品移交生產線鑑定驗收表」，並經各方簽字。

第 2 章　　技術資料驗收

　　第 8 條　　圖紙幅面和製圖要符合有關國家標準和企業標準要求。

　　第 9 條　　成套圖冊編號要有序，藍圖與實物相符，工裝圖、產品圖等編號應與已有的編號有連貫性。

　　第 10 條　　產品圖應按會簽審批程序簽字。總裝圖必須經總工程師審查批准。技術工裝圖紙資料由技術科編制和設計，全部底圖應移交技術檔案室簽收歸檔。

　　第 11 條　　驗收前一個月，應將圖紙、資料送驗收部門審閱。

　　第 12 條　　技術資料的驗收匯總歸口管理由研究所負責。

第四節　產品研發管理方案

一、主題內容與適用範圍

(一)為使產品試製過程處於受控狀態,確保試製按計劃進行,提高產品開發效率,降低開發成本。

(二)本方案適用新產品開發及產品整改涉及的工作內容。

(三)本方案規定了試製產品在開發、物資採購,試製和試驗過程中相關部門的職責。

二、職責

(一)各設計部門負責提出新產品試製件採購清單,及試製產品零件圖紙等技術文件。

(二)產品試製部負責自製、外購(協)物資的領取,試製產品零件的稱重、拍照,資訊的搜集、記錄工作。

(三)產品試驗部負責產品試驗。

(四)品質監查部負責試製產品的品質檢查。

(五)物管部負責新產品試製件的管理。

三、工作程序

(一)新產品試製開發

1. 產品設計部門下發由試製部會簽的《產品試製項目任務單》(附

表 1），任務單要註明產品型號、結構區別號、配置主要總成件型號的技術狀態及進度等要求。

2. 項目負責人收集各產品分組的《研究所產品試製件配置明細表》（附表 2），由部領導簽署批准後，交產品試製部材料員。

3. 試製部應按規定時間將件領回，放置在規定的地點，同時做好裝配前的準備工作。不能按規定的時間將件領回的應及時通知項目負責人等相關人員。

4. 試製需採購的配套件、專用件和外協件等，必須填寫《試製零件採購通知單》（附表 3）（一式二份），並註明產品型號、結構區別號和數量，發採購一份、產品試製部一份。試製部按《試製零件一採購通知單》收料及登記台賬。

5. 試製過程中需要增補件，或因更換、更改等，需要再次領料的，在發放的《研究所產品試製件配置明細表》中，對因更換、更改等是二次、三次等領料的，需要在備註欄內註明。材料員按二次、三次領料登記台賬，以切實反映試製成本。

6. 凡屬於試驗用零件、產品開發用零件、產品整改等需要領用的零件，《研究所產品試製件配置明細表》備註欄內需註明××產品試驗用，送××樣件，××產品整改及零件的數量等。以便分類登記台賬，列入技術開發費用。

7. 試製過程中每天應在網上發佈當天的新產品試製資訊，填寫《新產品試製日回饋表》（附表 4）。

（二）試製成本核算

1. 產品試製部應建立《單台產品試製台賬》（附表 5）。

2. 核算員根據單台台賬，計算單台成本（按本年度產品價格填產品單價）。

(1)按價格手冊填入產品單價。

(2)新品暫時未定價格，待價格轉入後填入。

(3)第二次領料金額另列。

四、試製總結

（一）試製結束後，技術中心應收集樣車的各種驗證報告及相關資料，對其結果進行分析，根據需要採取相應的跟蹤和改進措施，並填寫《設計開發資訊聯絡單》上傳給相關部門執行，以確保設計開發的產品滿足顧客預期的使用要求。

（二）通過設計開發確認後，技術中心項目負責人將所有的設計和開發輸出文件進行整理，送交檔案歸檔。

心得欄

五、記錄文件

(一)附表 1 產品試製項目任務單。

產品試製項目任務單

項目責任人_____

產品型號		發動機型號	
結構區別號		變速箱型號	
傳動軸型號		前橋型號	
懸架形式		後橋型號	
制動形式		駐車製動	
VIN 碼			
進度要求	開始時間： 完成時間：		
試製說明	簡述： 1.為什麼要試製該車型？是開發計劃還是廠家特殊需求？ 2.試製的起始狀態？ 3.試製完畢後的去向：是做試驗還是入庫。		
變動說明	簡述： 1.是在什麼車型的基礎上變型、變動設計的； 2.變動那些分組。		

(二)附表 2　研究所產品試製件配置明細表。

研究所產品試製件配置明細表

產品型號：　　　　　　　　　　　　結構區別號：

序號	產品圖號	產品名稱	數量	日期	備註

批准：　　　　　　　領料人：　　　　　　　　____年___月___日

(三)附表 3　試製零件採購通知單(一式二份)。

試製零件採購通知單

產品型號：　　　　　　　　　　　結構區別號：

序號	產品圖號	產品名稱	數量	設計人	配套廠	到貨日期	備註

編製：　　　　　　　批准：　　　　　　　　____年___月___日

(四)附表 4　新產品試製日回饋表。

新產品試製日回饋表

序號	產品型號	結構區別號	試製情況回饋	備註說明

註：試製情況回饋不能用文字表述清楚時可以附電子照片。　回饋人：

（五）附表 5　單台產品試製台賬。

單台產品試製台賬

產品型號：　　　　　　　結構區別號：　　　　　　　試製類型：

序號	產品名稱	產品圖號	單位	數量			金額（合計）	備註	領用日期
				(1)	(2)	(3)			

審核：　　　　　　　編製：　　　　　　___年___月___日

心得欄 ------------------------------

第 *3* 章

生 產 計 劃 管 理

第一節　生產計劃管理的崗位職責

一、生產計劃主管崗位職責

生產計劃主管的主要職責是，協調生產部經理制訂生產部的年度生產計劃及具體的生產作業計劃，並根據生產計劃的需求制定用料需求計劃，同時負責計劃執行情況的分析，其具體職責如下。

1. 及時瞭解本部門大中修、技改情況和新產品中試情況，根據產品需求計劃制定年度及月生產計劃
2. 負責制定生產物資的需求計劃
3. 下達生產指令，進行跟蹤和指導，根據需求計劃的變更及時調整生產計劃
4. 受理訂單，進行生產安排，並加以跟蹤和指導

5. 緊急訂單的安排和調度

6. 採購、生產、銷售等環節的協調，保證生產所需物料的供應

7. 協調各工廠的生產能力，保證均衡生產

8. 分析、報告生產計劃的執行結果，不斷提高生產計劃的合理性和準確性

9. 完成生產部經理交辦的其他任務

二、生產計劃專員崗位職責

生產計劃專員的主要職責是，協助生產計劃主管編制各種生產計劃，保證企業生產計劃的及時落實和執行，滿足銷售需求，其具體職責如下。

1. 負責企業生產計劃、物料計劃的編制與匯總

2. 負責生產任務的編制與下達

3. 負責產品零件生產計劃、下料計劃的編制和工作協調，確保生產順利進行

4. 負責生產所需物料的跟催工作，確保生產順利進行

5. 協調、督促生產工廠零件的流轉及轉工序工作

6. 協調解決生產過程中出現的問題

7. 負責各工廠生產計劃執行情況的檢查及落實工作

8. 負責週、月生產數據的統計、分析工作，改進生產計劃工作

第二節　生產計劃管理的流程

一、生產計劃管理流程圖

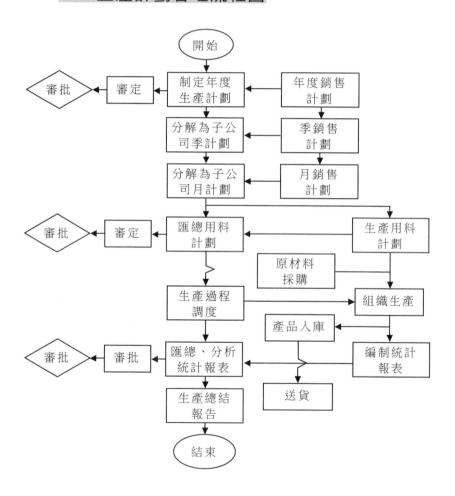

二、生產供應計劃管理流程圖

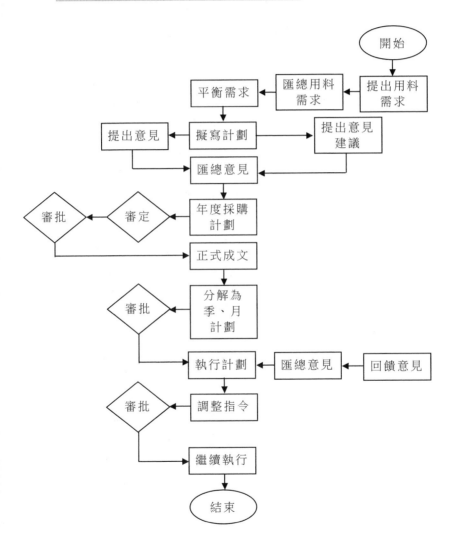

三、產量計劃管理流程圖

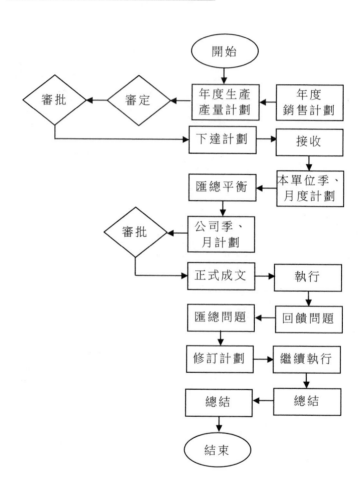

四、生產系統計劃管理流程圖

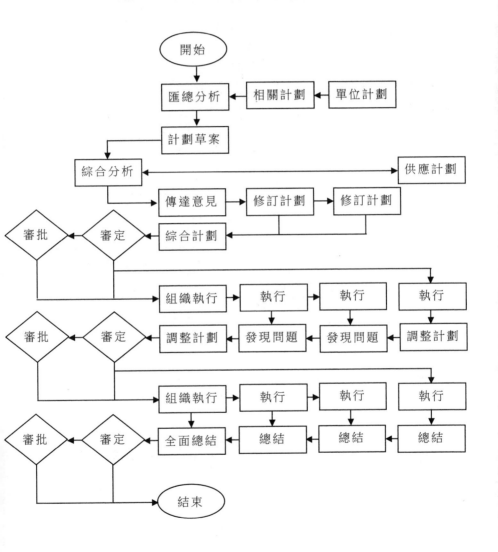

五、生產計劃安排流程圖

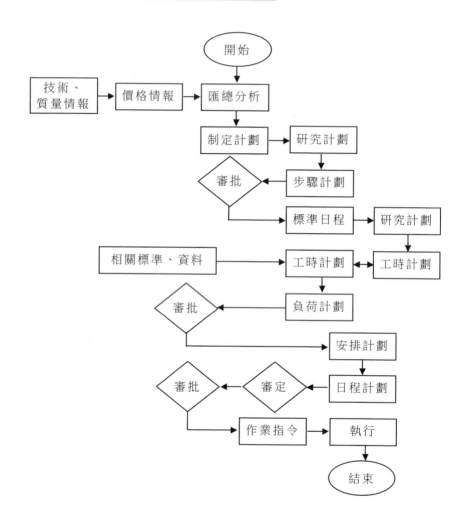

六、生產計劃編制情報流程圖

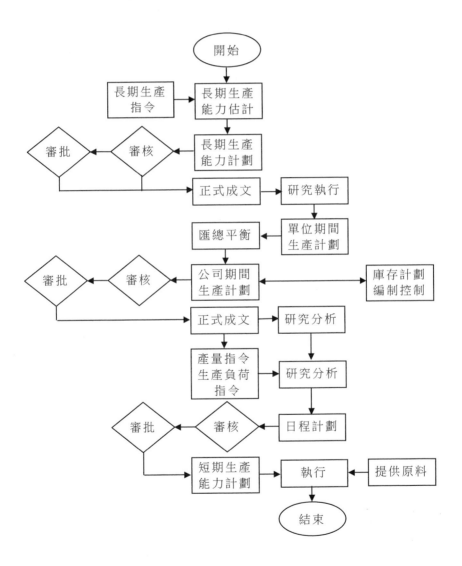

七、生產計劃接單流程圖

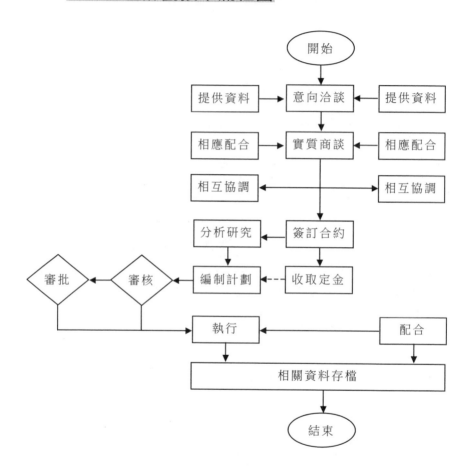

第三節　生產計劃管理制度

一、編制生產計劃的方法

一般而言，編制生產計劃的方法主要有以下 4 種。

編制生產計劃的方法表

方法	編制說明	編制技巧
年度生產計劃與總體計劃的銜接	總體計劃需要考慮生產速率、人員水準等折中因素，年度生產計劃則不會考慮利用此類因素。因此，編制年度生產計劃要以總體計劃所確定的生產量而不是以市場需求預測來計算計劃生產量	1. 總體計劃中的產量是按照產品系列規定的，首先是將其分解成每一計劃期內對每一具體型號產品的需求，並考慮到不同型號、規格的適當組合，每種型號的現有庫存量和已有的顧客訂單量相等 2. 將上一步的分解結果作為年度生產計劃中的需求預測量，並轉換成年度生產計劃中的市場需求量
年度生產計劃的相對穩定性	1. 年度生產計劃是所有部件、零件等物料需求計劃的基礎 2. 生產計劃的改變，尤其是對已開始執行的年度計劃進行修改時，會引起一系列計劃的改變以及成本的增加，交貨期延遲或作業分配複雜化	1. 規定「需求凍結期」，從本週期開始的若干個單位計劃期內，沒有管理決策層的特殊授權，不得隨意修改主生產計劃 2. 規定「計劃凍結期」。計劃凍結期通常比需求凍結期要長，在該期間內，計劃人員沒有自主改變主生產計劃的流程和授權，但計劃人員可以在兩個凍結期的差額時間段內，根據情況對生產計劃做必要的修改

		3. 在這兩個期間之外，可以進行更大的修改，這幾種方法實質上是對生產計劃進行不同程度的修改。年度生產計劃凍結期的長度應週期性地評估，不能固定不變
年度生產計劃的相對穩定性	3. 當生產計劃量減少時，可能會導致物料或零件的剩餘或將生產能力用於現在並不需要的產品	4. 生產計劃的相對凍結雖然使生產成本得以減少，但也同時減少了適應市場的靈活性。因此，還需要考慮二者間的平衡
在製品定額法	1. 在製品定額法是指運用在製品定額，結合在製品實際結存量的變化，按產品反技術順序。從產品出產的最後一個工廠開始，逐個往前推算各工廠的投入、產出任務的方法 2. 這種編制生產作業計劃的方法主要適用於大批量生產的企業	這種方法的計算公式包括以下兩種： 1. 某工廠出產量計算公式 　某工廠出產量=後工廠的投入量+本工廠半成品計劃外銷量+(中間庫半成品定額－中間庫半成品期初預計存量) 2. 某工廠投入量計算公式 　某工廠投入量=本工廠的出產量+本工廠計劃允許廢品數量+(本工廠在製品定額－本工廠在製品期初預計存量)
不同生產類型的生產計劃	1. 生產計劃要確定最終完成的出廠產品的生產數量。這主要是對大多數「備貨生產型」企業而言的。在此類企業中，最終產品的種類一般較少，且大都是標準產品 2. 隨著市場需求的多樣化，企業要生產的最終產品相應「變型」，變型產品實質是若干標準模組的不同組合。如汽車，其最終的顏色、驅動系統、方向盤、座椅、音響、冷氣系統等不同部件只能按顧客的需求組合	1. 組裝生產型：企業保持主要部件和元件的庫存，當最終產品的訂貨到達後才開始按訂單生產。年度生產計劃以主要部件和元件為對象來制定 2. 訂貨生產類：企業最終產品和主要的部件、元件都是顧客定制的特殊產品時，這些最終產品和主要部件、元件的種類比較多，它們所需的主要原材料和基本零件的數量要多得多。在這種情況下，年度生產計劃以主要原材料和基本零件為對象來制定

二、生產計劃擬訂辦法

第 1 章　　總則

第 1 條　　為使企業的產銷能夠相互配合，避免生產混亂，發揮生產部的效能，特制訂本辦法。

第 2 章　　生產計劃的主要指標

第 2 條　　生產計劃的主要指標包括產品品種指標、品質指標、產量指標、產值指標。

第 3 條　　品種指標，指企業在計劃期內生產的產品品名和品種數。它不僅反映了企業在產品品種方面滿足市場需要的程度，也反映了企業的生產技術水準和管理水準。

第 4 條　　品質指標，指生產部在計劃期內提高產品品質應達到的指標。常用的品質指標有產品品級指標，如合格品率、一等品率、優質品率等。

第 5 條　　產量指標，指企業在計劃期內生產的符合品質標準的工業產品數量，一般以實物單位計量。例如，汽車以「輛」表示、機床以「台」表示等。有些產品僅用一種實物單位計量並不能充分表明其使用價值的大小，需用複式單位來計量，如電動機用「台/千瓦」表示。

第 6 條　　產值指標，是用貨幣表示的產量指標。可分為產品產值、總產值及淨產值 3 種。

第 3 章　　生產計劃的類型

第 7 條　　年度生產計劃。

(1)行銷部根據過去的銷售記錄、市場佔有率以及對未來市場的預測，擬訂年度銷售計劃。年度銷售計劃經企業經營會議討論並經總經理批准後，送生產部用於擬訂年度生產計劃。

(2)生產部首先根據年度銷售計劃，確定年度庫存計劃，利用此庫存計劃調整生產計劃與銷售計劃的差異，即將銷售計劃與庫存計劃換算成生產計劃，其公式如下。

年度計劃生產量=年度計劃銷售量+年末產成品計劃庫存量－年初產成品計劃庫存量。

(3)年度生產計劃由生產計劃管理機構擬妥後，經生產總監審閱，送往企業經營會議討論，並經總經理批准。

第 8 條　季生產計劃。

(1)需要根據年度生產計劃制定季生產計劃，季生產計劃是在預測、決策基礎上制訂的，是指導生產部門季生產活動的大綱。

(2)生產計劃管理人員應於每個季第二個月份的中旬，提出下一季的詳細生產計劃。

(3)在一般情況下，季生產計劃力求穩定，不宜多變，但也需要考慮市場變動、技術革新、材料供應來源等問題的影響。

(4)生產計劃管理人員提出季生產計劃後，先經生產部總監審閱並與行銷部協調後，送往企業經營會議討論，並經總經理批准。

第 9 條　月生產計劃。

(1)季生產計劃換成月生產計劃時，允許有 9%～10%的變動。

(2)生產計劃管理人員應於每個月中旬提出下個月的生產計劃，其與當季季生產計劃指定的月份生產計劃的相差數量不得超過 10%。

(3)第一個月的生產計劃應明確產品品種和具體細節，及時反映合約增減變動的情況，靈活處理緊急訂單；第二個月、第三個月下達產品產量，便於準備爭組織成批輪番生產。

（4）月生產計劃經生產部與行銷部共同確認後，行銷部可允許插入 5%左右的緊急訂單。當需要插入緊急訂單時，行銷部應與生產部及時協調。

（5）生產計劃管理人員提出的月生產計劃經生產部和行銷部確認後，雙方不得任意變更。

（6）月生產計劃要送企業經營會議討論並經總經理批准。

第 10 條　週生產計劃。

（1）為了完成緊急訂單或平衡企業內部生產要素，生產計劃管理人員應將月生產計劃細化為週生產計劃，以便在實際生產中控制生產的進度。

（2）通過週生產計劃，生產部可對產量、品種及生產進度、次序進行微調，既可具體調節供應需求，又可重新組織新生產活動。

第 4 章　　擬定生產計劃

第 11 條　擬定生產計劃時，應遵守以下 3 項原則。

（1）滿足需求。

品種、數量、時間上滿足市場需求的同時，努力增加產品產量，增加收益，保持一定的收入增長率和市場佔有率。

（2）降低成本。

充分利用生產能力，降低生產和庫存成本，使生產和庫存成本之和最小，即費用和損失最小。生產計劃方案應考慮的成本項目主要有以下內容。

①正常生產成本，是指正常生產狀態下，單位產品成本，包括直接人工、直接材料、製造費用等。

②加班成本，是指為臨時提高產量而增加工作班次所發生的成本，如加班費及相應的附加費。

③轉包成本，是指在生產能力緊張時，將部份任務轉包給相關廠商時所增加的外協費用以及相關的成本。

④庫存成本，是指為訂購、保存貨物以及庫存產品所發生的成本，如訂貨及運輸費、保管費、物品損失費用等。

⑤缺貨成本，是指由於缺貨而造成的損失，主要為缺貨造成的收益減少，或者延遲交貨造成的損失。

⑥人工成本，是指由於生產計劃方案引起的人員增加或減少所需的費用，如解僱工人的費用、僱用工人的費用和培訓費用等。

(3)均衡生產。

使單位時間(月、日)的產品產量相對穩定，以利於生產過程的組織、人力安排、品質控制等。減少改變生產造成的損失，如加班費用、閒置生產能力損失等。

第 12 條　編制生產計劃的程序。編制生產計劃一般遵循一定的程序，如下圖所示。

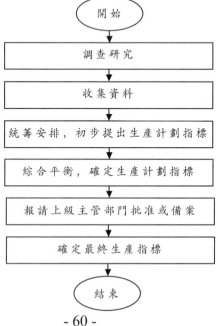

第 5 章　本辦法說明

第 13 條　生產指令的開制與下達、生產進度的跟催、生產人員的安排，必須根據月生產計劃與週生產計劃來執行。

第 14 條　本辦法送企業經營會議討論並經總經理核准後實施。修訂時亦同。

三、生產計劃的實施辦法

第 1 章　生產計劃實施規定

第 1 條　生產部制定計劃時，要考慮生產狀態，以過去數年中的實績作為標準，制定年度生產計劃預定表，並把此表送交營業部。

第 2 條　生產部每月××號前要制定出月計劃表並送交營業部。

第 3 條　營業部通過生產部送交的生產計劃預定表，瞭解市場情況，制定出下月乃至下下月的生產進度表，返回到生產部。

第 4 條　生產部各工廠根據營業部下達的生產進度表，計算自己當月的生產預定量，並把此表上交給營業部。

第 5 條　統計生產進度。

(1)在生產工廠的最後一道工序，匯總每天的生產數量，然後入庫；並在最後工序的入庫賬上進行登記，根據入庫量計數，算出與進度計劃相比超過或不足的數量；再將此數據記入工廠日報，送交營業部。

(2)生產部要根據超過或不足數量，計算第二天的機器使用情況，如果需對原先的計劃做出變更，要得到生產部經理及生產總監的同意，並通知運輸部門、工程及生產試驗部門，採取適當的措施。也就是說，根據製造進度表，決定製造預定計劃後，工程製造部門要計算出各工廠每天必須生產製造的數量，對各工廠生產過程中出現的超

過計劃或不足計劃數值的情況,要通知承擔任務的部門採取恰當的措施。

(3)對各工廠每天的在製品進行試驗性檢查,以保證產品的品質。在最後一道工序,進行產品品質的各項檢查,確定產品的品質等級。

第 6 條 每月中旬要對當月的製品進行盤存。在系統地調查當月生產狀況的同時,算出工廠的生產效率、實績與計劃的差異,而後制定出作業方針。

第 7 條 因發生事故而減少生產,會造成預定產量的不足,此不足應填入營業部的有關圖表中。營業部要根據市場的行情,把可以推到下個月份的生產任務移至下個月的生產計劃中。

第 8 條 產品若可能延期,要考慮其損失的大小以及其他替代產品的替代問題。

第 9 條 生產部在對要求試驗的產品和部門進行調度時,要考慮營業部提出的有關數量、成本等方面的要求。

因此,營業部要考慮生產部的要求,提前半個月或一個月向生產部提交生產進度表。

第 10 條 根據生產計劃主管的指示,生產計劃制定人員要以工程主任及調查處聯合會議上提出的希望條件為標準,根據實際情況,決定那些機器開動,那些機器暫停,然後算出這一時間預估的產量。

第 2 章　生產日程管理計劃

第 11 條 一般日程計劃。

(1)生產期限的指定。

生產部要經常備有標準完工工程表、生產作業能力表等表格,在考慮有關工程結束期限的要求和物資進貨日期的基礎上,確定結束設

計及結束工程的時間，並把這一期限記入生產指令中。

（2）每月生產實施計劃。

每個月，生產部要召開一次與生產加工有關科室的聯合會議，以季生產預算為基準，考慮行銷部的要求，制訂下列預算。

①物資採購預算，按照一季中不同品種的產品加工生產所需制訂，具體到每個月。

②可接受的訂貨量，按照一季的實有時間（全部工作時間減去為完成以前的訂貨任務必須佔用的時間）安排，具體到每個月。

（3）完成報告。

①在產品加工製造結束並作為成品入成品庫後，應按規定辦理相關手續。手續完成後，應立即填寫完成報告。

②每個月，生產部要匯總各工廠的完成報告書，並擬定綜合的完成報告書，向相關的部門分發通報。

第 12 條　中間日程計劃。

（1）中間日程計劃是以每月生產實施計劃為基礎的不同部門、不同零件的生產任務計劃，是日程管理的基準。

（2）中間日程計劃以基準日程表、生產作業能力表、標準工作時間表為基礎制訂，需要對偶發性事故進行調查並做出處理。

（3）基準日程表。

①基準日程，是指以標準作業方法和以正常的工作強度進行操作，為完成某一項生產任務所需的時間。

②因產品、型號、馬力等因素的不同，基準日程表的具體內容也有所不同。通常需要設定以下五個方面的內容。

A.生產過程中需要開動的機器台數。

B.生產所需材料的下料時間。

C.主要生產任務的開始與完成的時間。

D.試驗的時間。

E.產品完成與入庫的時間。

(4)作業能力調查表。

①目的:作業能力調查表主要是為瞭解生產線上勞動力的情況而製作。

②計算方法:通過算出不同職業工種、不同工廠的保有勞動力,計算出完成生產計劃所需要的勞動力,進而算出勞動力的供需狀況。據此編制中間舊程,進行人員配置。其計算公式如下。

保有勞動力=(1−無效作業率)×作業效率×工作天數×
　　　　　出勤率×有效人員

③關於上述公式的說明:

A.單個勞動力即為 1 天 8 小時的勞動時間,用 P 表示;

B.無效作業率=無效作業時間/作業時間,無效作業時間是直接動員、間接動員、不良作業、修正作業、組織活動等所需時間的總和,需要根據過去的實際業績而定;

C.作業效率根據過去的實績確定;

D.出勤率=出勤人數/出勤人數+缺勤人數;

E.在實施每個月的生產計劃時,可按以下公式計算所需勞動力:

所需勞動力=(生產計劃數量×P)÷480(分鐘)

480 為單個勞動力一天工作的時間,即 8 小時。

(5)標準作業時間表。

標準作業時間表中的標準作業時間因不同零件、不同生產作業而不同,它以所需勞動力的計算為基礎。

(6)每月實行計劃。

①每月實行計劃需要根據生產部的聯合會議所制定的生產計劃制訂。

②每月的生產預定表制定好後，要下達給每個相關的部門。

(7)期限。

①本部門作業日程計劃的期限根據生產進度表來定，生產進度表則需要根據基準日程表、作業能力調查表制訂。制定好該期限後，要向材料、零件、焊接、組裝等各作業工廠下達。

②按照作業能力調查表，確定訂貨日程，製作訂貨卡片，按卡片所填的日程執行。

第 3 章　　生產分配的規定

第 13 條　　確定材料零件的數量。

(1)倉庫常備物資、零件的數量，要根據下列資料來確定。

①每月生產實施計劃表。

②庫存餘額表。

③其他相關資料。

(2)半成品生產所需物資，應按照以下資料確定所需要的數量。

①半成品餘額表。

②每月生產實施計劃表。

③庫存餘額表。

④其他相關資料。

第 14 條　　確定零件半成品的數量。零件半成品的數量確定，按相關管理規定辦理。

第 15 條　　確定自製零件的訂貨。

(1)制定訂貨分配表。自己生產半成品零件，要以每月生產實施計劃表、每月現貨庫存餘額、半成品數量、訂貨餘額的調查為基礎，制定訂貨分配表，並以此確定每月的訂貨數量。

(2)制定訂貨時間基準表。訂貨時間基準表是規定各種零件的訂

貨時間必須先於生產進行時間的一種標準。從訂貨到進貨有一個間隔時間，不能做到即訂即用；如果訂貨時間太提前，又會佔用庫存、佔用資金。訂貨時間基準表就是為了解決這一矛盾而制定的。

(3)製作、發送訂貨單。自己生產半成品零件時，要根據訂貨分配表及訂貨時間基準表，確定訂貨數量、到貨日期，並把這些事項記錄訂貨單中，做好訂貨安排。

第 16 條　發出作業傳票。

(1)輪班作業時，要根據各班的特點，發出相應的作業傳票。

(2)綜合管理作業時，要在綜合管理表上記錄每天作業的實際業績，在截止時間發出不同級別、不同任務的作業傳票。

第 4 章　生產調查的規定

第 17 條　生產調查工作。

(1)調查每日作業量、生產進度的遲緩時間，分析生產數據和資料，整理成適合統計管理要求的基礎性資料。

(2)每日作業量實績調查，要根據作業傳票掌握每日、各級的作業量，調查作業進度。

(3)為了管理作業成績，每個月需要計算與勞動時間相對應的作業實績，並通報各個相關部門和工廠。

第 18 條　每日半成品餘額調查。

每日都要調查作業過程中的半成品，並把控制半成品、掌握進度、對遲緩採取的對策等資料綜合在一起，作為半成品餘額報告的原始資料。

第 19 條　每月 20 日前，製作以下成本計算資料。

(1)半成品餘額報告書，可利用下列資料製作。

①工程管理表。

②半成品餘額調查表。

(2)材料、零件進出餘額月報表，可利用下列資料製作。

①材料進出卡。

②現貨卡。

(3)月內使用的其他材料進出餘額報告書，可利用下列資料製作。

①其他材料進出表。

②現貨卡。

第 20 條　統計工作。

生產製造工程管理上必要的各種統計資料如下：

(1)資產量統計；

(2)不良產品統計；

(3)作業實績統計；

(4)有關材料統計；

(5)外購材料統計；

(6)半成品餘額統計；

(7)生產延期統計；

(8)生產相關的其他統計。

四、生產計劃發放與修正辦法

第 1 章　生產計劃的發放

第 1 條　生產計劃要發放的對象主要有三大類，應按要求進行選擇，不可漏發。

第 2 條　計劃執行部門。

(1)生產部。

(2)各生產工廠。

(3)技術部。

(4)機電設備部。

(5)各生產班組。

第 3 條　同級部門。

(1)物控部。

(2)品質管制部。

(3)產品研發部。

(4)財務部。

(5)行銷部。

(6)配送中心。

第 4 條　上級部門。

(1)董事會(董事長)。

(2)總經辦(總裁)。

(3)生產總監。

(4)生產部。

第 2 章　生產計劃的簽收

第 5 條　生產計劃文件是企業重要文件之一,文件經批准之後,要由專人(一般是企業行政管理部的秘書、生產部文員)負責複印和發放。

第 6 條　生產計劃文件發放時,要履行收件簽字手續,並將簽字的原始憑單存檔備查。

第 7 條　生產計劃的發放要及時,並且儘量在同一時間發放到各工廠和部門,發放時一般不要代收,要直接發到工廠、部門負責人或秘書的手中。

第 3 章　生產計劃的修訂

第 8 條　修訂生產計劃的基本要求。

(1)修訂生產計劃時，應該嚴肅、認真，並按照修訂程序進行。

(2)只有生產計劃管理人員才有權力對生產計劃進行修訂，未接到正式的修訂計劃之前，各工廠、各部門都無權改變原始的生產計劃。

第 9 條　修訂生產計劃的程序。

生產計劃的修訂，應按下圖規定的程序進行。

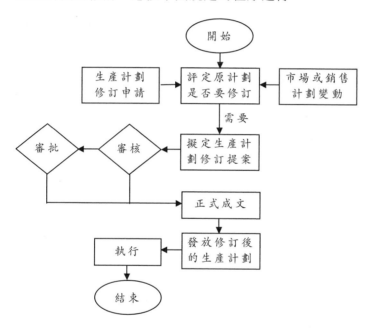

第四節　生產能力核定方案

一、生產能力及其指標

（一）生產能力

生產能力是指企業在一定時期內，在一定的生產組織技術條件下，全部生產性固定資產所能生產某種產品的最大數量或所能加工處理某種原材料的最大數量。生產能力是反映企業生產可能性的一個重要指標。

（二）生產能力指標

企業的生產能力一般包括設計能力、查定能力、計劃能力這三種指標。

1.設計能力，是指生產企業設計任務書與技術設計文件中所規定的生產能力，是由設計中規定的產品方案和各種設計數據確定的，在企業建成投產後，由於各種條件限制，一般均需經過一定時間後才能達到設計能力。

2.查定能力，是指企業生產了一段時期以後，重新調查核定的生產能力。當原設計能力水準已經明顯落後，或企業的生產技術條件發生了重大變化，企業需要重新查定生產能力。查定能力是根據查定年度內可能實現的先進的組織技術措施來計算確定的。

3.計劃能力，又稱為現有能力，是指生產企業在計劃年度內依據現有的生產技術條件，實際能達到的生產能力。

（三）生產能力指標的運用

上述三種生產能力指標在水準上是存在差異的，有著各自不同的用途。

1. 新建和改建的企業，由於基建工程竣工後剛投入生產，需要有一個熟悉和掌握技術的過程，此時的計劃能力要低於設計能力，經過一段時間以後，才能逐漸接近或達到設計能力。

2. 查定能力也不是企業當時就能達到的能力，一般都高於計劃能力，只有當企業實現了先進的組織技術措施，才能達到查定的生產能力。

3. 設計能力和查定能力，都可以作為確定企業生產規模、編制企業長遠規劃、安排企業基本建設和技術改造計劃的依據；計劃能力則是企業編制年度生產計劃、確定生產指標的重要依據之一。

二、影響生產能力的因素

企業生產能力的大小主要取決於以下三個要素。

（一）人員數量

這裏主要分析生產作業人員的數量。

1. 計算人員數量需求

根據生產計劃，針對各種產品的數量和作業標準時間，計算出生產每種產品所需的人力，再將各種產品所需的人員數量加總起來。如下表所示，人員寬裕率表示必要的機動工人數，人員缺席時可以調劑，一般可定為 10%～15%。

人員數量需求計算表

項目＼產品名	產品 A	產品 B	產品 C	產品 D	產品 E	產品 F	產品 G	產品 H	合計
①標準工時									
②計劃產量									
③標準總工時 (①×②)									
④每人每月工時 (每人每月工作天數×每人每天工作時數)									
⑤人員寬裕率									
⑥所需人數[③÷④×(1+⑤)]									

2.比較現有人員數量，求出差額

例如，假設計劃生產標準總工時為 20000 小時，每月工人的工作天數為 22.5 天，每天的工作時間為 8 小時，人員寬裕率為 10%，則：

需要人員總數量＝標準總工時÷(每人每月工作天數×每人每天

工作時數)×(1+人員寬裕率)

＝20000÷(22.5×8)×(1+10%)

＝122(人)

如果企業所有在編的工人只有 98 人，則還需要補充 24 人。

3.尋求解決辦法

人員數量不足的解決方法主要有兩種。

(1)調整工作時間，要麼延長每天的工作時間，要麼增加工作天

數。

(2)申請人員補充。

(二)技術水準

主要分析影響企業整體生產能力的技術、工序及人員的技術水準。其分析過程可通過下表實現。

技術水準分析表

產品名稱	工序	各工序技術要求		企業現有技術力量		技術差距		解決辦法
		人數	水準	人數	水準	人數	水準	
產品 A								
產品 B								
產品 C								

(三)固定資產

1. 固定資產的數量

(1)固定資產的數量，指企業在計劃期內用於產品生產的全部機器、設備的數量及廠房和其他生產性建築物的數量。

(2)機器設備，包括正在運轉、修理、安裝或等待修理安裝的機器設備和因任務不足或其他變化而暫停使用的機器設備，但不包括已

經批准報廢的設備、封存待調的設備和備用的設備,那些損壞嚴重在計劃期內不能修復使用的設備也不包括在內。

(3)輔助工廠(工具、機修)所擁有的機器設備不能參與企業基本產品生產能力的計算,只能算作輔助生產能力。只有當輔助工廠的設備超過規定,並用於生產基本產品的時候,才可將其計算在基本產品的生產能力中。

2.固定資產的工作時間

(1)固定資產的工作時間,是指按照企業現行工作制度計算的機器設備的全部有效工作時間和生產面積的全部利用時間。

(2)固定資產的有效工作時間同企業的生產制度、規定的工作班次、輪班工作時間、全年工作日教、設備計劃修理時間有關。

(3)在連續生產條件下,設備的有效工作時間,基本等於全年日曆日數減去設備修理的停工時間。在間斷生產的條件下,設備的有效工作時間則由制度工作日數、班次、每班工作時間和設備計劃修理停工時間等因素決定。

(4)季節性生產企業的有效工作時間,應按全年可能的生產日數計算,或按晝夜生產能力確定,而不核算其全年的生產能力。

(5)生產面積的利用時間,在一般情況下,它不存在停工修理時間,可直接根據企業是否連續生產,分別按日曆日數或制度工作日數確定。

3.固定資產生產效率

(1)固定資產生產效率,也可稱為固定資產生產率定額,是指機器設備的生產效率和生產面積的利用效率。

(2)固定資產生產效率,可以通過兩種方法表示。

①用設備(生產面積)的產量定額表示,即單位設備(生產面積)在單位時間內的產量定額。

②用產品的時間定額表示，即生產單位產品的設備台時消耗定額或生產單位產品佔用的生產面積量大小和佔用時間。

(3)固定資產生產率的定額受到設備本身的技術條件、產品的品種、產品結構、品質要求、加工技術方法、原材料品質、生產專業化程度、勞動組織、工人技術業務水準等因素的影響。所以，固定資產生產率定額是決定企業生產能力的三要素中最不具有穩定性的因素。

三、生產能力核定

生產能力核定是指對企業、工廠、班組或設備在一定時期內的生產能力進行計算和確定，又稱生產能力查定。具體說來，生產能力核定，就是通過對上述三大因素的調查，在查清現狀的基礎上，將這些因素加以確定，從而計算出企業的查定能力。

(一)單一品種生產能力核定方法

1. 實物量法

當只生產一種產品時，企業生產能力常用該種產品的實物量表示，其計算方法有如下兩種：

設備組生產能力=單位設備有效工作時間(小時)×設備數量(台)×單位時間產量定額(實物量/台時)

設備組生產能力=單位設備有效工作時間(小時)×設備數量(台)÷單位產品台時定額(台時÷單位產品)

上述公式中：

單位設備有效工作時間=全年制度工作日數×每日工作小時數×(1－設備修理必要停工率)

2. 生產面積法

當生產能力取決於生產面積時，可用下列公式計算。

生產面積的生產能力＝(生產面積的有效利用時間×生產面積數量)÷單位產品佔用生產面積×單位產品佔用時間

3. 聯動機單位時間法

(1)當採用連續開機的聯動生產方式時，生產能力一般採用下列公式計算。

聯動機單位時間生產能力＝原料重量×單位原料的產量係數×計算能力時間內聯動機有效工作時間÷原料加工週期的延續時間

(2)在核定流水生產線的生產能力時，按流水線的有效工作時間和規定的節拍計算。其公式如下。

流水線生產能力＝流水線有效工作時間÷節拍

(二)多品種生產能力核定方法

1. 標準產品法

標準產品法是對具有不同品種或規格的同類產品進行綜合計算時，將其折算為標準產品，以表示企業生產能力的核定方法，其操作步驟如下。

(1)把企業的不同產品折算成標準產品。

(2)按單一品種生產能力的核定方法確定設備組或工作場地的生產能力。

2. 代表產品法

代表產品是指能反映企業專業方向，產量大、勞動量大的產品，或產量比較大、在結構上與技術上有代表性的產品。

代表產品法核定企業的生產能力的操作步驟如下。

(1)將能反映企業專業方向、產量大或耗費勞動量較大、技術過

程具有代表特點的產品選為代表產品。

(2)按單一品種生產能力的核定方法計算代表產品表示的生產能力。

(3)計算每種產品與代表產品的換算係數。

(4)計算各具體產品的生產能力。

3. 假定產品法

企業生產的產品品種複雜且各種產品的結構、技術和加工勞動量相差特別大，難以確定企業代表產品的情況下，常用假定產品法。其操作步驟如下。

(1)確定假定產品台時定額。

(2)計算設備組假定產品的生產能力。

(3)計算設備組各具體產品的生產能力，公式如下。

第 i 種具體產品的生產能力=設備組假定產品生產能力×第 i 種產品佔假定產品部量的百分比

(三)綜合核定企業的生產能力

1. 綜合平衡生產環節

核定完各個生產工廠(生產環節)的生產能力後，還要將它們進一步加以綜合平衡。綜合平衡工作主要包括 3 個方面。

(1)各個基本生產工廠之間的能力綜合。

(2)查明輔助生產部門的生產能力對基本生產部門的配合情況，並採取相應的措施。

(3)當各個生產工廠(或生產環節)之間的能力不一致時，整個基本生產部門的生產能力通常按主導的生產環節來核定。

2. 確定主導環節

主導環節，一般是指產品生產的主要技術加工環節。

(1)當企業的主導生產環節有多個，且各個環節之間的能力不一致，在綜合核定它們的生產能力時，應同上級主管部門結合起來研究，一般會根據今後的市場需求量確定主導環節的生產能力。

(2)如果該產品的需求量大，則可以按較高能力的主導生產環節來定，其他能力不足的環節，可以組織外部生產協作或進行技術改造來解決；否則，就按薄弱環節的能力來核定。對於能力富裕的環節可以將多餘的設備調出，或者可以較長期接受外協訂貨。

3.協調基本生產部門與輔助生產部門

當基本生產部門的能力與輔助生產部門的能力不一致時，一般地說，企業的綜合生產能力應當按基本生產部門的能力核定。但仍需要做以下兩項工作。

(1)查定、驗算輔助及附屬部門的生產能力還是必要的。如果輔助生產部門能力低於基本生產部門能力，要採取措施，給其提供供應和服務能力，以保證基本生產部門的能力得到充分發揮。

(2)採取相應的措施，使富裕的輔助生產能力得到充分利用。

四、核定生產能力的意義

生產能力核定是一項綜合性的工作，不能孤立地進行，要從企業最基層的生產環節開始，採取自下而上的方法。

具體操作時，應該按「相同的、相互可以替代的設備組或同性質的工作地→班組→工廠→生產部」的順序，與確定企業生產方向、確定企業外部供應條件、確定企業專業化水準等工作結合起來進行。

在企業裏，核定企業的生產能力，具有以下兩個方面的意義。

(1)摸清企業現有的生產能力狀況，為改進技術、改善組織、克服薄弱環節、利用潛力、提高生產能力水準指明方向。

（2）為生產主管部門平衡生產任務、下達生產計劃指標、決定基建投資方向提供決策依據。

第五節　　生產計劃考核方案

生產計劃考核的對象主要是生產計劃相關人員，但也會涉及企業生產系統其他相關部門的負責人及生產計劃執行人員。這些人員在生產計劃方面的考核由生產總監執行，考核結果由人力資源部統一處理。

一、分廠廠長考核方案

分廠廠長考核方案表

考核對象：分廠廠長　　　　　　　　考核時間：＿＿年＿＿月＿＿日

考核指標	分值	實際得分	考核主體	備註
1. 參與生產計劃制定情況	8			
2. 人員負荷分析情況	11			
3. 製造日程安排、實施與控制情況	11			
4. 全廠生產率	14			
5. 製造費用降低率	14			
6. 產品成本降低率	14			
7. 製造成本品質成本	14			
8. 產品收率	14			
合計	100			

上表中，後五項指標的計算方法如下。

全廠生產率=考核期全廠完成產值(或增加值)÷全廠員工
平均人數

製造費用降低率=(計劃製造費用－實際製造費用)÷計劃製造費用×100%

產品成本降低率=(按上一年度實際單位成本計算的可比產品總成本－可比產品實際總成本)÷按上一年度實際單位成本計算的可比產品總成本×100%

製造成本品質成本=品質成本÷製造成本×100

產品收率=實際產量÷理論產量×100%

二、生產計劃主管的考核方案

生產計劃主管考核方案表

考核對象：生產計劃主管　　　　　考核時間：＿＿年＿＿月＿＿日

考核指標	分值	實際得分	考核主體	備註
1. 參與銷售計劃制定情況	2			
2. 年、季、月、週生產計劃制定的品質	10			
3. 生產與銷售協調工作的組織情況	2			
4. 訂單登記與安排情況	3			
5. 產能負荷分析工作組織情況	5			
6. 產能餘缺協調情況	3			
7. 生產計劃的分解、落實與下達情況	10			
8. 生產日程安排與協調情況	10			
9. 存貨週轉率	30			
10. 全員生產率	15			
11. 目標成本實現率	10			
合計	100			

上表中，後三項指標的計算方法如下。

存貨週轉率=銷售成本÷平均存貨×100%

全員生產率=考核期完成產值(或增加值)÷生產一線人員
　　　　　平均人數

目標成本實現率=(目標成本－實際成本)÷目標成本×100%

三、計劃調度人員考核方案

計劃調度人員考核方案表

考核對象：計劃調度員　　　　　　考核時間：＿＿＿年＿＿月＿＿日

考核指標	分值	實際得分	考核主體	備註
1.參與生產計劃制定情況	10			
2.生產計劃協調執行情況	10			
3.緊急任務完成情況	15			
4.生產成本控制情況	20			
5.產品及時交付率	30			
6.庫存週轉天數	15			
合計	100			

上表中，後兩項指標的計算方法如下。

交付產品及時率=按期交付產品數÷計劃交付產品數

庫存週轉天數=360 天÷(銷售成本÷平均庫存)

四、技術開發主管的考核方案

技術開發主管考核方案表

考核對象：技術開發主管　　　　考核時間：＿＿年＿＿月＿＿日

考核指標	分值	實際得分	考核主體	備註
1.參與生產計劃制定情況	10			
2.技術開發計劃制定情況	15			
3.技術開發日程制定及實施情況	10			
4.生產品質控制情況	10			
5.技術水準分析情況	15			
6.新產品增加值率	40			
合計	100			

上表中，新產品增加值率的計算方法如下。

新產品加值率＝(不含稅單價－直接材料、能源的單位成本－其他中間收入)÷不含稅單價×100%

心得欄 ------------------------------

五、物資採購主管考核方案

物資採購主管考核方案表

考核對象：物資採購主管　　　　　　考核時間：＿＿＿年＿＿月＿＿日

考核指標	分值	實際得分	考核主體	備註
1.參與生產計劃制定情況	10			
2.採購計劃制定情況	15			
3.採購日程的制定、實施與控制情況	15			
4.供應能力分析情況	20			
5.採購成本降低額	40			
合計	100			

上表中，採購成本降低額的計算方法如下。

採購成本降低額＝∑〔（計劃價－實際購入價）×採購量〕

六、生產設備主管考核方案

生產設備主管考核方案表

考核對象：生產設備主管　　　　　　考核時間：＿＿＿年＿＿月＿＿日

考核指標	分值	實際得分	考核主體	備註
1.參與生產計劃制定情況	10			
2.設備購置工作執行情況	15			
3.設備調度計劃的制定、實施與控制情況	15			
4.設備負荷能力分析工作組織情況	10			
5.設備完好率	25			
6.設備利用率	25			
合計	100			

上表中，後兩項指標的計算方法如下。

設備完好率=完好設備台數÷全部設備台數×100%

設備利用率=設備實際工作台時÷設備定額工作台時×100%

七、生產品質主管考核方案

生產品質主管考核方案表

考核對象：生產品質主管　　　　考核時間：＿＿年＿＿月＿＿日

考核指標	分值	實際得分	考核主體	備註
1.參與生產計劃制定情況	10			
2.品質檢驗工作日程安排情況	20			
3.品質控制計劃的實施與品質控制情況	20			
4.製造成本品質成本	25			
5.銷售收入品質成本	25			
合計	100			

上表中，後兩項指標的計算方法如下。

製造成本品質成本=品質成本÷製造成本×100

銷售收入品質成本=品質成本÷銷售收入×100

第六節　生產計劃實施制度

一、生產調度實施細則

第 1 章　總則

第 1 條　目的

為了做好生產調度工作，保證生產人員按時到位，生產原料及設備及時供應，生產保質、保量地按時交貨，特制定本細則。

第 2 條　解釋

生產調度管理是生產經營管理的中心環節，生產部作為生產調度管理的職能部門，是生產的指揮中心。

第 3 條　管理組織及其職能

1. 生產調度工作由生產部在生產總監的領導下開展

工廠以生產調度為核心建立與各職能部門、主任及生產班組長相連接的生產調度指揮系統，按程序分層次地組織、協調、指揮生產。

2. 生產調度指揮系統對工廠的生產活動實行全面管理。

3. 以生產調度集中統一指揮為原則，一切與生產相關的操作指令都要透過生產調度指揮系統逐級下達，情況緊急或必要時，有權調度工廠範圍內的人力、物力，以確保操作平穩、生產安全、保質、保量、按時完成生產任務。

4. 調度指令具有權威性，工廠班組及有關部門必須協同配合，貫徹執行。有不同意見時，可一面貫徹執行、一面向上一級主管彙報及請示。

第 2 章　生產調度管理實施

第 4 條　生產調度應以市場為導向，以「少投入、多產出、快產出」為原則，科學利用資源，合理組織調配，有效進行生產過程控制，獲取最佳效益。

第 5 條　上一道工序要滿足下一道工序的材料申請，按下一道工序要求的品種、品質、數量和時間組織本工序生產，向下一道工序供料。

第 6 條　若上一道工序出現異常，在品種、品質、數量和時間方面不能滿足本工序的要求時，要及時調整，減少對後續工序的影響，盡可能保證全廠生產線秩序的正常。

第 7 條　輔助工序要滿足主生產線的工序，為主生產線工序提供輔助條件。

第 8 條　生產調度指揮系統在接到技術部門下達的月、週、日生產作業計劃後，把生產任務和各種指標分解到各班次及班組。分解的主要依據是各班組的月作業時間，即按日曆時間扣除休息時間確定各班組的工時，從而確定生產指標。

第 9 條　落實生產指標時，需考慮上月生產實績、本月設備情況、安全狀況、各種計劃指標與標準等。

第 10 條　相關人員需根據生產例會的決定，結合實際生產情況，調整生產作業。

第 11 條　班組長及時收集現場生產實際情況，督促生產崗位填寫各種原始記錄，整理生產日報，每週匯總、總結一次，並將信息及時回饋給各班組，使其能根據自己的生產實績，查找差距，改進工作。

第 12 條　生產調度指揮系統負責協調各個生產環節，確保設備正常與原材料、能源供應符合生產要求。

第 13 條　生產調度指揮系統負責組織班與班之間的交接工作，

每天上崗時巡視整個作業區，瞭解生產、設備狀況，查閱交接班記錄。

第 14 條　緊急情況下的應急處理

1. 當生產調度員接到緊急報警電話時，在未向外界報警時，生產調度員需立即撥打報警電話(如 119、110 或 120 等)，並通知生產管理部和主管人員，迅速聯繫有關部門(如車隊、醫務室)進行應急處理(如調用車隊的救護車、醫生，停車、停蒸汽等)。

2. 生產調度員必須在最短的時間內到達現場協助處理。

第 3 章　　生產調度例會管理

第 15 條　生產調度例會是正常情況下解決生產上存在的問題、協調各部門工作的決策會議。

第 16 條　生產調度例會於每週四下午＿＿＿＿點在第＿＿＿＿會議室召開。

第 17 條　生產調度例會的參加人員包括生產總監，生產調度指揮系統、設備管理部、安全管理部、品質管理部負責人或授權人等。

第 18 條　生產調度例會由工廠生產總監或其授權人主持。

第 19 條　生產調度例會的一般議程

1. 生產調度指揮系統人員檢查上次生產調度例會安排工作的落實情況。

2. 參加會議的人員依次彙報未落實工作的原因並提出需由生產調度例會解決的問題。

3. 解決參加會議人員提出的問題。

4. 安排下週工作任務。

5. 學習有關文件，傳達有關會議精神。

6. 會議總結。

第 20 條　「生產調度例會紀要」由生產調度員起草，會議主持

審定後發放給生產部及有關職能部門和工廠，檔案室存檔一份。

二、生產進度控制制度

第 1 條　目的

為加強對生產過程的管理，保證完成生產作業計劃所規定的產品產量和交貨期限指標，結合工廠的實際情況，特制定本制度。

第 2 條　相關說明

1. 生產進度控制是指對某種產品生產的計劃、程序、日程所進行的安排和檢查，其目的在於提高效率、降低成本，按期生產出優質產品。

2. 生產進度控制要求對從原材料投入生產到成品出產、入庫的全部過程都要進行控制，包括時間上的控制和數量上的控制。

第 3 條　適用範圍

本制度適用於工廠生產現場的進度控制管理相關事項。

第 4 條　編制進度控制計劃的職責分工

1. 工廠級生產計劃管理人員負責制訂產品、主要部件的生產進度計劃和投入進度計劃。

2. 計劃人員根據工廠級計劃做進一步細化，編制零件和部件的投入產出計劃進度。

3. 一般需制訂工序進度計劃，若工廠規模大、產品結構複雜、品種多，工序進度計劃可由班組編制。

第 5 條　執行測量比較的職責分工

1. 每個班組設兼職的統計員，統計每日的生產成果，包括進度計劃執行情況，設備的生產作業完工量以及每名操作人員的作業完成量和工時統計。班組統計於每班結束前進行，將統計結果上交，有些關

鍵數據可以同時報告生產統計員。

2. 工廠設專職生產統計員，匯總處理班組上報的統計資料，統計全生產進度計劃執行情況。

第 6 條　　進度控制措施制定與實施的職責分工

1. 生產調度主管負責工廠的生產進度，進度措施的產生和調度指令的發佈透過生產高度會議的形式完成。

2. 生產調度會議每週至少召開一次，由主任或生產調度組長主持，工廠各職能組室有前人員和班組長參加，研究討論生產進度和存在的問題，制定控制措施，落實措施負責人以及完工日期。

3. 工廠生產調度會議每週開一次，由生產經理召集主持，生產總監出席，各主任、調度員以及工廠有關職能部門（如採購、品質管理等部門）負責人參加。

4. 根據生產情況，工廠召開現場調度會、日常碰頭會等，解決一些專門性的問題或日常性的協調問題。

第 7 條　　相關職能部門職責

1. 採購部負責原材料和外購件的採購工作，確保投入進度計劃的準時執行。

2. 設備動力部門負責保證設備的開動率和生產能源供應。

3. 人力資源部負責培訓和提供符合要求的生產人員。

4. 品質管理部負責生產過程的相關檢驗工作，嚴格控制不良品率。

第 8 條　　投入進度控制是指對產品開始投入生產的日期、數量和品種進行控制，以便符合生產計劃要求。

第 9 條　　大量生產投入進度控制可根據投產指令、投料單、投料進度表和投產日報等進行控制。

第 10 條　　成批和單件生產的投入進度控制比大批大量生產投入

進度控制要複雜。因為一方面要控制投入的品種、批量和成套性；另一方面要控制投入提前期，這時可利用投產計劃表、配套計劃表、加工線路單等工具。

第 11 條　出產進度控制是指對產品(或零件)的出產日期、出產提前期、出產量、出產均衡性和成套性的控制。

第 12 條　大量生產出產進度控制

1. 主要用生產日報(班組的生產記錄、班組和生產統計日報等)與出產日期進度計劃表進行比較，控制每日出產進度、累計出產進度和一定時間內的生產均衡程度。

2. 在大量生產的條件下，投入和出產的控制分不開，計劃與實際、投入與出產均反映在同一張投入、出產日期進度表上，其既是計劃表，又是核算表和投入、出產進度控制表。

3. 對生產均衡程度的控制，主要利用年均衡率、旬均衡率和月均衡率。

第 13 條　成批生產出產進度控制

1. 主要是根據零件標準生產計劃、出產提前期、零件日期進度表、零件成套進度表和成批出產日期裝配進度表等來進行控制。

2. 對零件成批出產日期和出產前期的控制，可直接利用月生產作業計劃表。只要在月作業計劃的「實際欄」中逐日填寫完成的數量，即可清楚看出實際產量與計劃產量及計劃進度的比較情況。

3. 在成批生產的條件下，對零件出產成套性的控制，可直接利用月生產作業計劃，對零件的出產日期和出產提前期進行控制。

第 14 條　單件小批生產進度控制

根據各項訂貨合約所規定的交貨期進行控制，通常是直接利用作業計劃圖表，在計劃進度線下用不同顏色的筆劃上實際的進度線即可。

第 15 條　工序進度控制是指對產品在生產過程中經過每道加工工序的進度進行控制。

第 16 條　按加工路線單的工序順序進行控制

由工廠將加工路線單進行登記後，按加工路線單的工序進度及時派工，遇到某工序加工遲緩時，要立即查明原因，採取措施解決問題，以保證按時、按工序順序加工。

第 17 條　按工序票進行控制

按零件加工順序的每一道工序開票後交給操作人員進行加工，完成後將工序票交回，再派工時又開一張工序票通知加工，用此辦法進行控制。

第 18 條　跨工廠工序進度控制

對於零件跨工廠加工時，需加強跨工廠工序的進度控制，控制的主要方法是明確協作工廠分工及交付時間，由零件加工負責。

1. 要建立健全零件台賬，及時登記進賬，按加工順序派工生產。

2. 協作工廠要認真填寫協作單，並將協作單號及加工工序、送出時間一一標註在加工路線單上，待外協加工完畢，協作單連同零件送回時，要在協作單上簽收，雙方各留一聯作為記賬的原始憑證。

第 19 條　在製品控制範圍

在製品控制範圍包括在製品佔用量的實物和信息形成的全過程。具體有以下四個方面。

1. 原材料投入生產的實物與賬目控制。

2. 在製品加工、檢驗、運送和儲存的實物與賬目控制。

3. 在製品流轉交接的實物與賬目控制。

4. 在製品出產期和投入期的控制。

第 20 條　在製品控制方法主要取決於生產類型和生產組織形式。

第 21 條　大量生產時在製品的控制方法

對在製品佔用量的控制，可採用輪班任務報告單的形式，結合生產原始憑證或台賬進行，即將各工作地每一輪班在製品的實際佔用量與規定的定額進行比較，使在製品的流轉和儲備量經常保持正常的佔用水準。

第 22 條　成批和單件生產時在製品的控制方法

採用加工路線單來控制在製品的流轉，並透過在製品台賬來掌握在製品佔用量的變化情況，檢查是否符合原定控制標準。如發現偏差，要及時採取措施，組織調節，使其控制在允許的範圍之內。

心得欄 ------------------------------

第 **4** 章

生 產 技 術 管 理

第一節　生產技術崗位職責

一、技術主管崗位職責

1. 組織制定技術工作近期和長遠發展規劃，制定技術組織方案

2. 組織編制產品的技術文件，制定材料消耗技術定額

3. 根據技術需要，設計技術裝備並負責技術工裝的驗證和改進工作，設計工廠、工廠技術平面佈置圖

4. 組織指導、督促工廠技術員及時解決生產中出現的技術問題

5. 負責會簽新產品圖紙和新產品批量試製的技術工裝設計，完善試製報告和有關技術資料，參與新品鑑定工作

6. 負責技術管理制度的起草和修訂工作，做好技術資料的立卷、歸檔工作

7. 組織技術專員搞好技術管理，監督執行技術紀律

8. 組織新技術和試驗研究工作，抓好技術試驗課題的總結與成果鑑定並組織推廣應用

9. 開展技術攻關和技術改進工作，不斷提高技術水準

10. 協助人力資源部和生產工廠，做好生產一線工人技術培訓工作

11. 負責本部門人員的管理工作和全廠各單位技術人員的業務領導和考績工作

12. 完成生產部經理佈置的其他臨時性工作

技術主管的主要職責是，在生產部經理的領導下，主管全公司的技術工作和技術管理工作，認真貫徹技術工作方針、政策和公司的相關規定。

二、技術專員崗位職責

技術專員的主要職責是，協助技術主管做好生產部的相關技術工作，編制生產技術相關文件，其具體的工作職責如下。

1. 負責企業內生產技術資料、技術規程資料、技術方案的編制、整理及保管

2. 根據需要，編制產品合格標準、原材料及輔助材料的入庫標準

3. 負責工廠現場工人技術方面的培訓

4. 對工廠的生產過程進行指導，處理生產過程涉及的相關技術問題

5. 對現場生產的品質進行巡檢，避免發生技術品質事故

6. 參與新技術攻關、新技術開發、舊技術改進工作

7. 跟蹤國內外本行業先進生產技術，對技術改進提出合理化建議

8. 完成技術主管交代的工作

第二節　生產技術管理的流程

一、技術管理流程圖

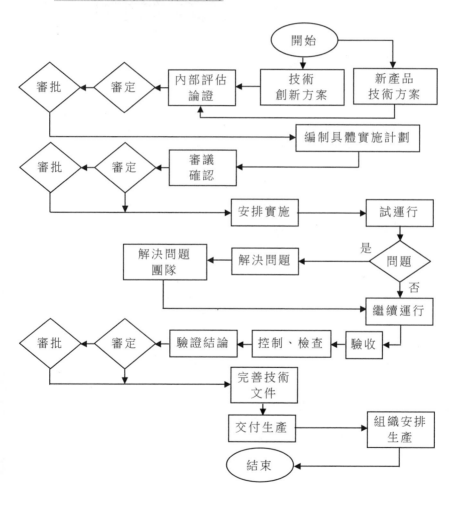

二、技術標準制定流程圖

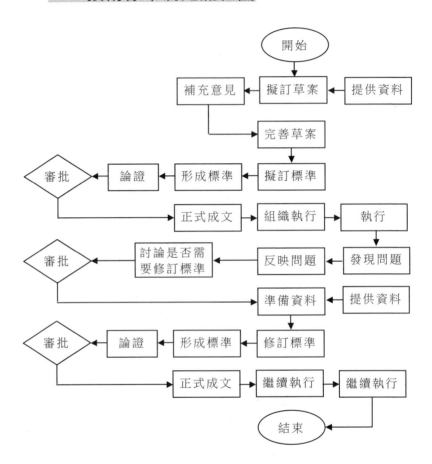

三、技術設計流程圖

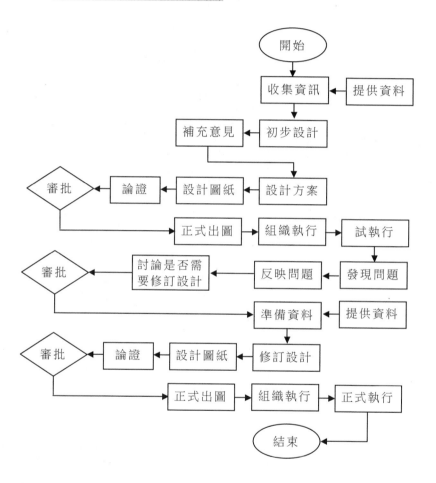

四、技術準備流程圖

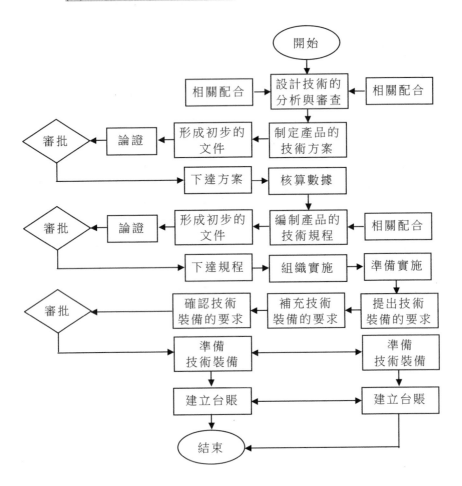

五、技術方案評價流程圖

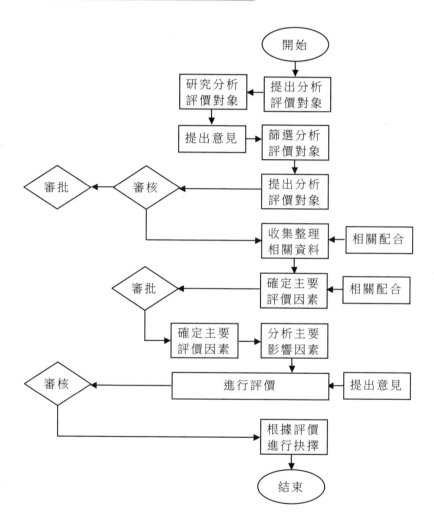

六、技術引進管理流程圖

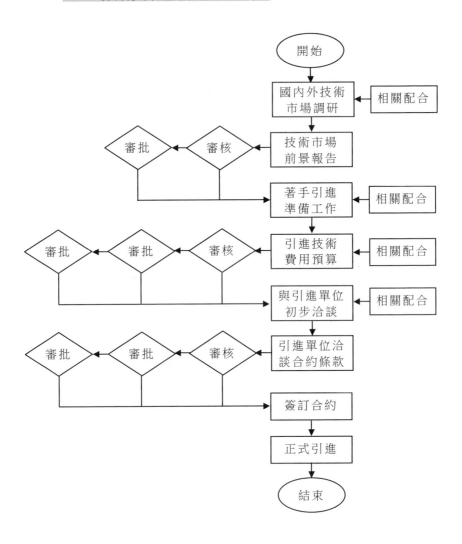

第三節　生產技術管理制度

一、生產技術管理制度

第 1 章　總則

第 1 條　目的。

生產技術管理的主要任務是，合理地組織企業的一切技術工作，建立良好的生產技術活動秩序，保證企業生產正常進行，開展科學實驗和技術革新，努力學習國內外先進技術，不斷採用新技術，發展新品種，提高產品品質，降低產品成本，提高生產率。

第 2 章　技術改進、引進與轉讓

第 2 條　技術改進。

生產部經理向總經理提出改進生產技術的方案，由總經理對此進行研究並做出決定。

第 3 條　技術引進。

當本企業引進技術時，生產部經理要研究引進合約的原文，並要求承擔這項工作的部門闡述引進外來技術後成本與成果之間的關係。

第 4 條　技術轉讓

本企業轉讓技術時，生產部經理要研究檢查轉讓的內容，並與承擔這項工作的部門討論這項轉讓可能帶來的後果。

第 5 條　技術發表。

(1)向社會公開發表企業生產技術的時候，要把發表原稿交生產部經理審閱，經其批准後方可對外公開。

(2)外來人員到本企業參觀學習時，須徵得生產部經理或總經理的同意。

第 3 章　生產技術管理

第 6 條　技術是產品生產方法的指南，是計劃、調度、品質管制、品質檢驗、原材料供應等工作的技術依據，是優質、高效、低耗和安全生產的重要保證手段。

第 7 條　技術工作由生產技術管理科負責，應建立嚴格的管理制度和責任制，技術人員要堅持科學的態度，不斷提高技術水準，為生產服務。具體詳見《生產技術管理制度》。

第 8 條　技術工作要認真貫徹技術規程典型化，工裝標準化、通用化的原則。

第 4 章　樣品管理

第 9 條　取樣品。

(1)凡需要取樣品者，持生產部管理人員簽發的通知單，方可到樣品試製工廠領取。

(2)送往省市、外貿部門、商業部門的樣品，一律到生產技術管理機構辦理「領取單」，樣品由生產技術管理機構負責發放。

第 10 條　樣品管理。

(1)公司內設立樣品室，由專（兼）職人員負責，並建立樣品專賬，每月盤點一次，做到賬物相符。

(2)凡本公司生產的新花色、新品種、新技術產品，必須留存兩套。

(3)本廠樣品和外來樣品應分別保管。

(4)每件樣品必須有來源、生產日期、型號名稱、廠號、品名及

新花色、新技術等簡單情況的介紹。

（5）凡我公司各部門需要樣品時，必須履行借用手續，並定出歸還日期，如果丟失、污染，照價賠償，不允許自行處理。

（6）存放樣品的樣品室必須保持乾燥、衛生，做好防黴、防鼠、遮光。

（7）除生產技術管理樣品室外，任何部門及個人都無權保管樣品或向工廠索取樣品。

第 5 章 技術資料管理

第 11 條 所有中外文技術圖書、期刊、雜誌、技術資料、設計底樣都要及時登記、編號、分類整理和保管。在未登記前，不得借出使用。

第 12 條 所有借閱者應愛護技術圖書，不准有汙損、塗改、剪裁、損毀、捲折。還書時，應當面檢查，如損壞應照價賠償或加倍罰款。

第 13 條 外單位索取技術資料時，應經生產部經理同意，報請生產總監批准。

第 14 條 對於產品技術資料，除保留樣品外，應把經鑑定合格的技術處方及技術文件一起歸檔整理，並登記造冊。

第 15 條 存檔資料要建立賬簿，保持賬物相符、完整準確。發現資料破損，應及時修補複製。

第 6 章 技術管理組織

第 16 條 本公司的技術管理歸生產技術研究會統一組織管理。

第 17 條 目的。生產技術研究會的工作職責是，對下列工作進行研究、協調。

(1)提高、改進生產技術。

(2)研究新產品的生產技術。

(3)工程、品質、試驗、管理上的各種問題。

(4)生產技術的引進、技術研究成果的對外發表。

第 18 條　生產技術研究會的構成。

(1)生產技術研究會的成員有總經理、生產總監、生產部經理、技術主管、工廠主任、有關部門的經理。

(2)研發部門負責人以及其他有關的技術人員根據需要出席會議。

第 19 條　生產技術研究會的運行。

(1)凡定期的技術研究會議，由生產總監主持召開。

(2)臨時的技術研究會，由提出議題的部門負責人主持召開。

(3)事務性檢查，由技術主管擔任負責人。

第 20 條　開會時間。

(1)凡定期的技術研究會議，每月一次。

(2)凡臨時性的會議，隨時召開，生產部經理為會議的召集人。

第 21 條　議題決定。

(1)每月開會前 10 日，技術主管把會議的議題和開會目的具體記錄下來，向生產總監報告。

(2)技術主管要在開會前三天決定議題，通知各委員並遞交有關資料。

第 22 條　會議記錄。

生產技術研究會的會議記錄由總經理辦公室負責。

第 7 章　附則

第 23 條　制訂、修改和廢止。

本制度的制訂、修改和廢止須經企業經營常務會議討論，並由技術主管人員決定。

第 24 條　實施。

本制度自頒佈之日起實施。

二、生產技術管理制度

第 1 章　總則

第 1 條　為規範公司生產技術的管理工作，特制訂本制度。

第 2 條　生產技術是產品生產方法的指南，生產技術的管理工作由生產技術管理機構具體負責。

第 3 條　本制度明確了生產技術管理的工作責任，技術人員要堅持科學的態度，不斷提高技術水準，為生產服務。

第 4 條　技術工作要認真貫徹技術規程典型化，工裝標準化、通用化的原則。

第 2 章　生產技術文件的編制、執行

第 5 條　技術工作必須完善技術手段，保證產品品質和降低成本，技術過程以合理、可靠、先進為原則。

第 6 條　新產品投產或老產品複製，必須依照「制定完整技術──貫徹技術──投產」的流程。

第 7 條　生產技術管理機構根據原料的性質、新品種的試驗、技術設計和生產部產量平衡後的情況，提出各項技術規程的初步意見，送交生產部經理批准。

第 8 條　最終形成的技術文件必須正確、完整、統一、清晰。

第 9 條　技術規程必須在投產前送交工廠主任，技術品必須詳細

覆核，發現與實際不符或由於某些條件限制，暫且不能執行的項目應及時與生產技術管理機構協商解決。

第 10 條　工廠主任及工廠技術員覆核技術規程後，應在技術通知單上簽字承認，並且嚴肅執行該項規程，及時下達給有關生產人員。

第 11 條　各工廠、工序必須嚴格施行技術，按技術要求對產品進行檢查，如不符合技術要求，應及時向工廠、技術員反映檢查結果，分析原因，找出解決問題的辦法，並立案記錄。

第 12 條　生產過程中，發生技術與實物不符必須進行技術調整時，及時向生產技術管理人員反映，並研究解決方案，而不准隨意更改和調整技術。生產技術管理人員調整好技術後，需經生產部經理簽字，才能作為正式生產依據（對舊技術必須收回存檔，並註明變更原因）。

第 13 條　已經確定的技術，所有人員必須嚴格執行。下發的技術資料，若有損壞和丟失，查明原因後由生產技術管理機構補發，各部門必須有專人對技術進行妥善保管，不准任意塗改。

第 14 條　對違反技術生產或隨意變更技術，造成責任事故者，應賠償 5%～10%的經濟損失。造成損失嚴重者，報生產部經理和人力資源部經理批准，給予必要的紀律處分。

第 15 條　技術員將技術下達後，必須經常檢查技術落實情況，發現問題，及時解決，因技術不要而造成大批嚴重事故者，技術員應承擔事故責任。

第 16 條　技術員應不斷對工廠操作人員進行工作紀律教育，嚴格按技術標準監督技術執行。

第 3 章　技術試驗備案手續

第 17 條　提出技術試驗的部門填寫「技術規程」，變更試驗一份

留底，另一份送交生產技術部備案，以便配合工作，其餘送予試驗有關部門或工廠。

第 18 條　　凡是對產品品質影響較大，以及影響上下工序品質的技術項目的變更，要填寫申請書，提交技術主管審核，經生產部經理批准後，方可變更。

第 4 章　　生產技術變更審批

第 19 條　　在技術主管的領導下，生產技術管理機構負責全公司技術文件的編制與管理，下達技術要求，任何單位或個人無權下達和變更。

第 20 條　　工廠技術員，在工廠主任領導下，負責貫徹技術服務，業務上受生產技術主管的指導。

第 21 條　　未經技術性審查的產品設計圖樣，不予編制技術文件，不能投入生產。

第 22 條　　在生產過程中，凡產品設計修改涉及技術、材料變動時，均應由有關技術員會簽。

第 23 條　　技術路線（技術流程），是產品從投料到出成品的生產路線，技術路線由技術管理相關人員提出。

第 24 條　　產品技術文件由生產技術管理科提出，附有技術卡、技術守則和材料技術定額資料，技術文件要先進合理、正確無誤、齊全成套、符合標準。

第 25 條　　技術文件由技術員編制，技術主管審核，成套技術由技術主管會同有關部門批准。

第 5 章　　違反技術規程事故登記

第 26 條　　要嚴肅技術紀律，發動群眾對違反技術規程事故的原

因進行分析追查,並提出防止措施,防止再次違反。

第 27 條　凡不遵守技術規程造成的各項差錯事故,無論本次事故是否造成損失,一經發現,主管部門負責人應及時到現場檢查分析,找出產生原因,提出措施,以減少下個工序的損失,並在當天填寫技術規程事故報告單,送交技術主管。

第 28 條　影響上下工廠品質的事故,應由技術管理人員、品質管制人員、工廠主任及相關人員協商解決。

第 29 條　下列情況應作為違反技術規程事故。

(1)不按技術規程進行生產,擅自變更技術。

(2)抄錯技術單,開錯通知單。

(3)技術未經審定、制定不合理造成批量損失。

(4)原料、塗染料、漿料成分配錯。

(5)化驗室化驗結果不正確,配料單開錯。

第 30 條　上述各項事故由生產技術管理機構及時向個人、工廠、部門提出,要追究責任並採取措施,按情節輕重記事故一次。若本人及部門隱瞞,經其他部門提出時,應按情節輕重記違反技術規程一次,並取消本人或部門當月獎金。

第 6 章　附則

第 31 條　本制度由生產技術管理機構制定,經生產總監審核、總經理批准後執行。

三、技術標準管理制度

第 1 章　制定

第 1 條　企業技術標準由生產技術管理機構根據各級標準負責

制定。制定技術標準時，一定要做到符合實際、技術先進、合理、安全可靠。

第 2 條　對同類產品，要進行規格優選和合理分檔，形成標準條例。

第 3 條　儘量採用國際上的通用標準和國外的先進標準，但內控標準一定要優於採用的國際標準或國內標準。

第 4 條　對產品品質有直接影響的物料及企業內部中間產品，都有必要制定品質檢驗標準。

第 2 章　標準分級

第 5 條　標準分為國際標準、國家標準、部頒標準、企業內控標準和協定產品標準。

第 6 條　公司在制定技術標準時，一律以國家標準為準，並不得與其他標準相抵觸，並且要滿足用戶需求。

第 3 章　審批和頒佈

第 7 條　企業所採用的企業內控標準由生產技術管理人員負責起草，經分管技術的副總審核。

第 8 條　技術副總審核完畢，送交生產總監及總經理批准，批准後頒佈實施。

第 9 條　企業內控標準的修改由生產技術管理人員負責，修改前必須充分調查市場需求，修改後審批頒佈程序同上。

第 10 條　企業內控標準修改得到確認的同時，廢除以往的舊標準。

第4章　貫徹執行

第 11 條　企業技術標準一經頒佈,各部門必須嚴格貫徹執行。

第 12 條　任何部門在工作執行過程中,不得擅自修改技術、降低標準。否則,所引起的品質事故將按生產品質管制中的有關條款執行。

第 13 條　企業的檢測、驗收活動,都必須按制定的技術標準執行。符合標準的物資或產品由檢驗部門頒發合格證,不符合標準的物資不准入庫(產品不准出廠)。

第5章　技術資料管理

第 14 條　技術資料的歸檔。

生產技術管理人員處理完畢的技術資料,應在第二年的第一季內歸檔。歸檔應達到如下要求。

(1)技術文件與資料須紙質優,內容必須清楚,格式統一,簽字手續完備。

(2)要準確、齊全成套,新設計的圖樣技術文件應符合國標、行業標準或企業標準,否則資料管理員可拒絕接受。

第 15 條　歸檔的技術文件與資料應確定密級和保管期限。

第 16 條　歸檔的資料應立卷編號,登記造冊,以便查找。

(1)歸檔的技術資料按名稱、特徵編成卷冊,按時間順序或按重要程度排列。

(2)應編寫「卷內目錄」,卷內的技術資料也應逐張編號,並根據需要填寫「備考錄」。

第 17 條　歸檔的技術資料必須裝訂整齊,在裝訂時應去掉金屬物,用線繩裝訂,並在卷角編號。

第 18 條　技術資料的保管。

(1)資料管理員在接受技術文件與資料後，要檢查其準確、成套性，及時登記、分類、編號，不得遺漏、塗改。

(2)凡歸檔技術資料的底圖，只能在更改、複製情況下方能取出，不得做他用。

(3)技術資料採用電子文檔時，由電腦資訊室專人負責備份。

(4)技術資料在保管時，應注意防火、防潮、防蟲、防盜。

(5)對長期和永久保存的技術資料，若有破損或字跡模糊者，應及時修補或複製。

第 19 條　技術資料的外供。

(1)外供的條件。存檔的技術文件及資料（包括產品樣件）、未存檔（試製的）的技術文件及資料只有在下列情況下才可以外供。

①外協（在簽訂技術協議的前提下）。

②對比試驗。

(2)外供技術文件及資料（包括產品樣件）需按規定程序辦理。

第 6 章　附則

第 20 條　修訂。技術標準每隔 2～3 年審核一次，並根據市場情況做適當修訂。

第 21 條　本制度由生產技術管理機構制定，經生產總監審核、總經理批准後執行。修改亦同。

四、技術改造管理制度

（一）技術改造實施辦法

第1章　　總則

第 1 條　技術改造是企業在現有基礎上用先進技術代替落後技術，用先進技術和裝備代替落後的技術和裝備，促進技術進步，實現以內涵為主的擴大再生產。

第 2 條　技術改造的目的。

技術改造是企業改造的重要組成部份，其目的主要包括以下 3 個方面。

(1)提高技術水準。

(2)培訓員工、開發智力，以提高員工素質。

(3)改革管理，以提高管理水準，提高企業綜合素質，強化企業生命力。

第 3 條　技術改造的目標。

企業技術改造的總體目標是，使企業逐步現代化，在技術進步的基礎上不斷提高經濟效益，推動生產的發展。具體包括以下 5 項要求。

(1)改革產品結構，促進產品更新換代，提高新產品品質。

(2)減少生產過程中能源、原材料等各種物資的消耗和勞動的消耗，降低成本。

(3)合理利用資源，提高各種資源的綜合利用水準。

(4)加強生產薄弱環節，補缺配套或填平補齊，增加社會短缺、急需產品的生產能力。

(5)促進安全生產，加強環境保護。

第 4 條　企業技術改造的內容。

企業可從如下 6 個方面進行技術改造。

(1)產品的更新換代。

(2)設備的更新改造。

(3)技術的改革。

(4)廠房建築和公用工程的改造。

(5)原材料、燃料的綜合利用。

(6)「三廢」的治理。

第 2 章　改造方針

第 5 條　平衡企業的各種能力。

單廠企業或聯合企業的基層生產廠,應以謀取工廠各種能力的平衡為改造方針。這裏包括以下 3 個方面。

(1)產品狀況與市場對產品的要求相平衡。

(2)生產要素狀況與產品改造對生產要素的要求相平衡。

(3)企業其他能力的狀況與產品改造和生產要素改造的要求相平衡。

第 6 條　銜接、平衡產品生產全過程。

(1)銜接是指最終產品各個生產階段的各種能力在水準上的統一性,也就是指前一個生產階段要能夠滿足後一個生產階段的要求,各個生產階段要滿足最終產品的要求。

(2)平衡是指最終產品的各個生產階段的各種能力在規模上的一致性,也就是前後階段的能力和整個過程的能力都是平衡的。

(3)聯合企業應以謀取最終產品生產全過程的銜接、平衡為改造目標。

(4)各相關生產廠應以謀求相互力量的平衡和銜接為改造目標。

第 3 章　技術改造工作程序

　第 7 條　技術改造工作應遵循一定的程序，一般包括 3 個階段，即準備、實施、考核。

　第 8 條　準備階段。這一階段的工作如下。

　(1)提出並申報技術改造項目建議書。

　(2)編制和申報設計任務書(可行性研究報告、技術改造方案)。

　(3)在權力機構批准設計任務書、可行性研究報告或技術改造方案後進行初步設計的編制和申報。批准後列入年度計劃。

　第 9 條　項目實施階段。

　(1)按照年度計劃組織施工。

　(2)技術改造項目施工完成後，進行試生產運行，運行合格辦理驗收手續，正式交付使用。

　第 10 條　評估階段。

　(1)竣工投產項目的效益跟蹤。

　(2)竣工投產項目的後評估，不斷總結開展技術改造的經驗教訓，提高技術改造操作和管理水準。

第 4 章　可行性研究

　第 11 條　技術改造項目，特別是重大項目，只有通過可行性研究確認在條件上是可能的、在技術上是先進適用的、在經濟上是合算的，才可以採納。

　第 12 條　技術改造的可行性研究，是指對準備進行改造的項目，通過調查研究和預測，以及技術經濟分析和方案比較，提出是否值得改造、改造條件是否具備、應該如何改造的具體意見，以此作為進行技術改造的項目決策和向銀行申請貸款的依據。

　第 13 條　技術改造項目的可行性研究，一般分 4 個步驟進行。

(1)投資機會論證。通過對與項目有關的各方面調查資料的分析,對改造項目的設想進行粗略研究,確定是否有繼續下一步可行性研究的價值。

(2)初步可行性研究。一是明確項目的概貌,包括大致的產品規模、原材料的可能來源、可供選擇的技術、大致的建設時間等;二是對項目總的經濟指標進行評價。

(3)詳細可行性研究。即為一個改造項目的投資決策提供技術、經濟等方面比較精細的數據。

(4)結果評估。對可行性研究的成果,從企業經濟效益和社會效益兩方面進行定性和定量的評價,以便完成可行性研究報告。

第 14 條　對技術改造項目進行可行性研究的成果是研究報告,它概括了可行性研究的全部內容,主要有以下 4 個方面。

(1)項目改造的必要性與可能性。

(2)項目的具體實施計劃。

(3)項目的財務分析和經濟評價,包括投資、生產成本、資金籌集計劃、可獲得的經濟效益等。

(4)對整個可行性研究進行總結,列出項目的主要優缺點,做出項目是否上馬的結論。

第 15 條　以上步驟是可行性研究由粗到細、由淺入深、逐步深化的過程。

第 16 條　對於小型技術改造項目,不一定要嚴格按照此步驟進行,但調查研究、搜集材料、弄清情況、提出方案、比較方案等環節,對每個改造項目的認定是必不可少的。

(二)技術改進合理化建議管理制度

第1章　總則

第1條　為推進公司革新挖潛、降低成本、提高產品品質、提高勞動生產率、增加經濟效益，適應日益激烈的國際競爭，特制定本制度。

第2章　建議的內容

第2條　採用新技術、新技術、新材料、新結構、新配方，提高產品品質，改善產品性能及開發新產品，節約原材料等方面的建議。

第3條　設備、技術過程、操作技術、測量工具、試驗方法、計算技術、安全技術、環境保護、勞動保護、運輸及儲藏等方面的改進建議。

第4條　應用科技成果、引進技術、進口設備的消化吸收和革新以及長期未解決的技術關鍵點等方面的建議。

第5條　公司現代化管理方法、手段的創新和應用，促進企業素質全面提高等方面的建議。

第3章　組織領導

第6條　公司成立技術改進合理化建議評定小組，負責對合理化建議進行評議。

第7條　技術改進合理化建議評定小組成員由總經理、各分公司經理、各部門經理和其他有關人員組成。

第8條　技術改進合理化建議評定小組在公司技術副總的領導下開展工作，由總經辦歸口統一管理，技術建議管理員具體負責。在基層部門設技術建議聯絡員。

第 9 條　技術建議管理員的職責。

(1)彙編各部門技術改進措施計劃，掌握並督促其實施，收集資料，在適當的時候提請評定小組進行評定，總結上報重大技術成果。

(2)負責各部門技術改進建議資料的處理，收集並推廣應用國內外新技術、新技術、新材料、新配方、新結構。

(3)負責接待其他公司有關技術改進方面的參觀學習人員，並與之建立諮詢業務關係。

(4)協助決策層組織對各產品重要的非標準設備設計方案的論證及會審，並下達設計任務書。

(5)負責技術攻關或招標的具體組織工作。

(6)定期召開基層技術建議聯絡員工作會議，安排與檢查該方面的工作。

第 10 條　基層技術建議聯絡員的職責。

(1)編制上報本部門年度、季技術建議計劃項目，經批准後協助實施。

(2)對本部門實施的技術建議項目進行驗證、考核、分析和預鑑定，組織整理有關資料，上報分公司技術管理科。

(3)總結推廣技術建議成果，協助實施人員解決有關問題。

第 11 條　全面品質管制的 TQC 成果，由全面品質管制委員會歸口管理，並報技術改進合理化建議評定小組備案。

第 4 章　審查和處理

第 12 條　技術建議項目必須滿足以下 3 個條件。

(1)經過試驗和應用，並有完整的原始記錄、圖紙資料和技術總結。

(2)按照技術建議成果報表逐項填寫，並經部門主管和受益部門

證明。

(3)凡屬於提高工效、提高產品品質、節約原材料、改進設備（備件）、新的非標準設計等必須要有相應的工時定額員、品質管制部門、材料定額員、設備動力部門和使用部門等簽署的效果證明。

第 13 條　技術改進項目上報程序。

(1)一般項目經所在部門考察後簽署意見報總公司。

(2)較大項目須經 3 個月的生產試用驗證，連同有關資料上報分公司技術管理科。

(3)重大項目須經 6 個月的生產驗證，整理全套資料上報，由××組織，××主持經總公司技術管理科評定後，報上級主管機關。

第 14 條　凡經鑑定的技術建議優秀成果，其鑑定材料應包括以下內容。

(1)指出能否納入正式技術文件用於生產工作。

(2)指出能否進行推廣應用與交流。

(3)詳細分析與核算經濟效果，對無法計算出經濟效果的應提出結論性意見，並由有關領導簽字。

第 15 條　凡納入正式技術規範的技術建議項目，由有關部門進行工時或材料定額的修改，並考核實施情況。對改變產品結構、提高產品性能的項目，根據產品圖紙審批程序辦法更改手續，並考核其批量生產情況。

第 5 章　審批與獎勵

第 16 條　凡申請技術建議成果或現代化管理優秀成果獎勵的集體（個人），首先應由實施者提出申請，填寫項目成果申報表，並附第 14 條所規定的材料（管理優秀成果須附論文或文字總結）報歸口單位立案，然後交財務部審核並簽署意見，最後由公司技術改進合理化建

議評定小組進行評定審查，總經理簽字。

　　第 17 條　　凡成功且投產（或用於管理）的項目，以修改技術文件的日期作為該項目的投產日期，以連續 12 個月為計算經濟效益的有效期。實際年節約價值計算公式如下。

　　年節約價值＝（改進前成本－改進後成本）×年產量－（一次性投資費用＋報廢損失費用＋時間費用）

　　第 18 條　　凡被採用的技術建議和現代化管理優秀成果，根據其貢獻大小，授予榮譽稱號和給予適當的物質獎勵。

　　第 19 條　　技術改進建議項目原則上每年××月和××月各評定一次。

　　第 20 條　　獎金的分配應按參與實施的工作人員貢獻的大小合理分配，落實到人，各單位不得留存、克扣。

　　第 21 條　　技術改進項目不得重覆得獎，如果項目在以下名目下獲獎，則以獲其中金額最高的一種獎勵為準。

　　（1）技術建議成果獎。

　　（2）現代化管理優秀成果獎。

　　（3）TQM（全面品質管制）成果獎。

　　（4）節約獎。

　　第 22 條　　獲獎項目如果經再次評審提高了獎勵等級時，可補發差額部份的獎金。

　　第 23 條　　對弄虛作假騙取榮譽與獎金者，一經查出，應撤銷其榮譽稱號，收回全部獎金，並視情節輕重給予行政處分。

第 6 章　　附則

　　第 24 條　　本制度自頒佈之日起正式施行。

　　第 25 條　　本制度解釋權在公司技術改進合理化建議評定小組。

第四節　生產技術管理方案

一、生產技術開發方案

一、技術開發的類型

（一）從內容上分

1.資源開發，指新的原材料和動力資源的開發與利用。

2.產品開發，指新材料、新用途、新技術「三新」產品的發明，以及老產品結構和性能的改變。

3.技術開發，指新的技術流程的創造和生產工具、設備的改造。

4.管理技術開發，指新的管理技術的發明和運用。

（二）從用途上分

1.發展生產類，指發展生產方面的新技術。

2.生活福利類，指改善勞動條件、防止職業病和消除污染、改造環境方面的新技術。

（三）從規模上分

1.小革新、小發明，指對現有技術的小規模改革。

2.局部革新，指對某項技術的局部開發，即在技術的原理、結構等基本不變的前提下實現的革新、創造。

3.創新與發明，指在新的科學原理指導下產生的新技術。

（四）從來源上分

1.國內技術開發，指國內發展研究的新技術。

2.國外技術引進，指從國外引進的新技術。

二、技術開發的要求

(一)技術協調性

企業中各類型技術的組合，要適應一定產品生產的需要，符合協調發展的要求，具體體現在以下三個方面。

1. 技術裝備與生產技術相協調。

2. 智慧化技術與物質化技術相協調。

3. 特定的主體技術與共有技術、相關技術相協調。

(二)技術進步性

技術進步性即企業中各類技術的組合適應技術進步的要求。不同層次技術之間形成相適應的比例，對於先進技術的採用有一個合理的順序，技術的層次結構與產品的層次結構相匹配。

(三)經濟合理性

經濟合理性即企業中各類技術的組合要符合經濟合理的原則。先進技術應該同時具有良好的實用性和經濟性，產品性能高低、品質好壞、消耗高低、生產效率高低、勞動條件好壞、環境污染輕重以及品種變換快慢，應成為衡量企業技術結構是否合理的重要標誌。

三、編制技術開發計劃

(一)技術開發計劃

生產技術開發計劃是公司科技計劃的主體計劃之一，是引導和吸收公司內部員工和社會力量(包括人力和資金)，增強公司技術創新能力的計劃。

技術開發計劃包括技術開發、生產性試驗、新技術推廣應用示範、高技術產業化、技術中心建設和新產品試產等內容。

(二)編制技術開發計劃的依據

編制技術開發計劃主要的依據有以下四個方面。

1.國內外市場需求。

2.國民經濟和社會發展中長期規劃。

3.有關產業政策。

4.公司技術開發綱要。

(三)編制技術開發計劃的原則

1.以市場為導向，以經濟效益為中心，以增強公司技術創新能力和市場競爭力為目標，形成商品化、產業化生產。

2.以產品為龍頭，以技術為基礎，配套安排原材料、基礎件、元器件以及相關的設備供給，形成系統配套性。

3.技術開發計劃與技術改造、技術引進等計劃緊密銜接，發揮整體優勢，全面有效地促進公司技術進步。

(四)技術開發計劃的選擇對象

1.發展市場變化急需的關鍵技術、主導產品。

2.在國內外市場有競爭力，能較大幅度提高附加值，促進結構調整的產品、裝備與相關技術。

3.新興技術及產品。

4.能提高生產效率，降低消耗，提高產品品質的技術與裝備。

四、編制技術開發任務書

技術開發任務書是技術在初步開發階段內，由技術管理科就任務書向上級提出的體現產品合理設計方案的改進性和推薦性意見的文件。經上級批准後，技術開發任務書作為技術開發的依據。

(一)目的

技術開發任務書編制的目的在於，正確地確定技術最佳設計方案、主要技術參數、原理、系統和主體結構，並由技術員負責編寫(其中標準化綜合要求會同標準化人員共同擬訂)。

（二）內容

編制技術開發任務書主要包括以下內容（視具體情況可以包括一個或數個內容）。

1. 部、省安排的重點任務：說明安排的內容和文件號。

2. 國內外技術情報：在產品的性能和使用性方面趕超國內外先進水準，或在產品品種方面填補國內的技術空白。

3. 市場情報：在產品的形態、形式（新穎性）等方面滿足用戶的要求，適應市場需要，具有競爭力。

4. 企業技術開發長遠規劃和年度技術組織措施計劃，詳述規劃的有關內容，並說明現在進行設計的必要性。

5. 指出技術用途及使用範圍。

6. 相關領導對技術任務書提出修改或改進意見。

7. 基本參數及主要技術指標。

8. 技術原理說明。

9. 與國內外同種技術的分析比較。

10. 標準化綜合要求。

（1）應符合現行的技術標準情況，列出應貫徹標準的目標與範圍，提出貫徹標準的技術組織措施。

（2）新技術預期達到的標準化係數，列出推薦採用的標準清單。

（3）對材料、元器件的標準化要求：列出推薦選用的標準材料及外購元器件的清單，提出一定範圍內的材料及元器件標準化係數標準。

（4）與國內外同類技術標準化水準比較，提出新技術的標準化要求。

（5）預測新技術標準化的經濟效果。

11. 關鍵技術解決辦法及關鍵元器件、特殊材料資源分析。

12.對新技術設計方案進行分析、比較，運用價值工程，著重研究確定技術的合理性；通過不同技術的比較分析，從中選出最佳方案。

13.組織相關方面對新技術方案進行評價，共同商定設計的方案能否滿足用戶的要求及市場需要。

14.新技術試驗、試用週期及經費的估算。

五、組織管理

(一)主持部門

技術開發項目的主持部門是技術部，主要履行下列職責。

1.按照技術開發計劃的立項原則和程序，向公司技術部申報項目，並附項目建議書。

2.對申報項目編寫可行性研究報告和論證，向公司提交可行性研究報告及相關材料。

3.與項目承擔部門簽訂《技術開發計劃項目合約書》，並將合約書備案。按計劃與合約的要求，監督、檢查合約的執行。

4.定期檢查項目進度，及時協調解決存在的問題，並促使其達到目標。每年一月將上一年度項目實施情況的總結(包括項目的執行情況、取得的階段成果、經費落實和使用情況、存在的問題)報公司技術管理科。

5.經公司相關部門同意後，組織項目的鑑定驗收。

(二)承擔部門

項目承擔部門應當具有相應的技術開發機構、手段、人才、資金投入強度和其他相應的技術實力，主要履行下列職責。

1.根據技術開發計劃的申報與立項程序，按隸屬關係向公司技術部提出項目建議書。

2.與項目協作單位共同完成項目的可行性研究，並提供相關文字

材料。

3. 與公司技術部、項目協作單位簽訂合約書，按合約要求完成項目。

4. 落實自籌資金及銀行貸款，合理分配項目協作單位所需經費，並對經費的使用進行監督，根據有關規定做好本年度經費使用情況的結算並報技術部。

5. 及時向技術部彙報項目實施情況。

六、組織試驗研究

完成設計過程中必須的試驗研究（新原理結構、材料元件技術的功能或模具試驗），並編寫試驗研究大綱和試驗研究報告。

項目承擔部門完成項目合約書規定的任務後，應及時做出總結，並將項目完成情況的總結報告及有關資料逐級上報，申請項目鑑定驗收。

項目鑑定驗收由項目主持單位報由公司總經理批准，由項目主持單位組織項目鑑定驗收。鑑定驗收報告由公司技術部備案。

七、開發成果管理

項目執行過程中的所有實驗記錄、數據、報告等，按照技術檔案管理辦法整理歸檔，不得遺失，不得由個人佔有。

技術開發計劃取得的技術成果的歸屬按照項目合約書的規定執行。合約書未作規定的，按照有關法律法規的規定執行。

技術成果可以獲得公司的物質獎勵和證明書並可申請國家、地方政府、部門的有關表彰獎勵。

二、生產技術引進方案

一、技術引進目的

技術引進的目的是有計劃、有重點、有選擇地輸入國外的先進科學技術成果，減少重覆科研，節省時間、費用，加速技術進步，提高生產水準。

二、術語規定

(一)技術引進

技術引進是指通過貿易或經濟技術合作的途徑，從境外的企業、團體或個人(簡稱供方)獲得技術。

1.內容

技術引進的內容包括以下 5 個方面。

(1)專利權或其他工業產權的轉讓或許可。

(2)以圖紙、技術資料、技術規範等形式提出的技術流程、配方、產品設計、品質控制以及管理等方面的專有技術。

(3)技術服務。

(4)為了實現上述技術所匹配的手段，如提供的生產線、成套設備或其他產品、測試儀器、專用設備等。

(5)利用外國政府貸款、國際金融組織貸款、中外合資經營等時，有引進外國技術內容的項目。

2.形態

(1)軟體，即科技成果、資訊情報、技巧經驗等知識形態的技術和技術勞務。

(2)硬體，即作為技術轉讓的機器、設備、中間貨物、原材料等

實物形態的技術。

3.方式

(1)產品貿易

產品貿易是指通過買進機器設備引進技術。按其內容可分為成套設備引進；進口主機、自造輔機；單機引進。

(2)交鑰匙工程

交鑰匙工程是由技術輸出方按照許可證合約、設計合約、公共工程或土木工程合約以及機構工程合約等承包建造一個工程整體。

(3)許可證貿易

許可證貿易是將製造技術和工業產權作為商品，實行作價交易的技術轉讓。

(4)靈活貿易

靈活貿易是通過來料加工、相互貿易、合資經營等國際間通行的靈活貿易方式，擴大與國外的技術經濟合作，引進先進技術。

(5)合作科研和合作生產

合作科研和合作生產是指與國外企業或科研單位分工合作，共同生產一套設備或研究一個課題。它帶有對等交換技術、取長補短、互惠互利的性質，有利於節約科研經費，提高工作效率，縮短研製週期。

(二)技術引進項目

經上級批准立項的以技術引進為核心內容的技術改造或基本建設項目(簡稱項目)。

(三)技術引進工程

按照項目設計開展的土建、設備安裝以及各種配套工程、輔助設施等施工內容的總稱。

(四)技術引進合約

以技術引進為內容簽訂的涉外經濟合約(簡稱合約)。

三、技術引進主管機構及領導

(一)主管機構

技術引進的主管機構是生產部門的技術管理科。

(二)領導

主管機構在公司總經理或生產總監的領導下，履行技術引進的相關職責。

四、各部門職責

(一)專職部門

根據引進項目的規模，可組織相應的職能機構，作為技術引進工作的專職管理部門(簡稱專職部門)。其主要職責是負責合約簽約前的各項工作和簽約後的對外聯繫。

(二)各職能部門

公司各職能部門主要負責與技術引進工程有關的國內工作。

(三)財務部

財務部門負責整個引進項目的財務工作，具體如下。

1.按進度籌集資金，合理使用、嚴格管理。

2.按上級有關規定辦理引進項目的預算稽核、付款、結算等日常工作。

3.引進工程竣工驗收時應做出決算。

4.進口物資的賬物管理應按公司有關規定辦理。

5.對引進項目進行監督並提出參考意見。

五、技術引進工作

(一)技術引進前工作

1.根據公司的發展規劃，確定需要引進的新技術。

2. 通過深入的調查研究，充分掌握需要引進的新技術的國內外發展狀況。

3. 確定項目投資規模，落實外匯的資金來源。

4. 按程序向國家有關主管部門提出立項申請。

5. 在與供方技術交流和初步詢價的基礎上，選擇 2～3 個供方作為對象，進行深入瞭解，必要時可以組織相關人員有針對性地出國考察。

6. 認真編制可行性研究報告，組織公司內外相關的項目專家，對可行性研究報告進行評審，出具評審報告。評審通過後，報送相應的主管部門審批。

7. 根據國家的有關規定，選擇相應的進口代理公司。

8. 根據已批准的可行性研究報告和相關主管部門頒發的項目設計任務書，進行初步設計（包括土建、技術設計等），並按規定報批。

（二）簽約合約

1. 通過技術交流和價格、供給條件等方面的充分討論，篩選出一個對公司最為有利的供方作為簽約對象。

2. 與進口代理公司共同提出合約及其附件的草稿，作為談判的基礎。

3. 對外談判在統一組織下進行，每次談判前應認真做好預案，指定主談人員。談判後應及時研究，並為下一輪談判做好準備。

4. 與技術引進相配套進口的設備、儀錶、工具等，也要在充分瞭解性能、價格的情況下擇優簽約。

5. 各項合約簽字後應按規定程序上報審批。

（三）實施合約

1. 合約管理。

（1）技術引進合約應由引進工作的專職部門統一管理。

(2)按照進度表掌握合約執行情況，並隨時處理在執行中遇到的問題。

2.合約交貨。

引進工作專職部門負責按合約規定的交貨期組織技術引進工作。

(四)技術培訓

1.按合約進行的技術培訓是全面掌握引進技術的關鍵，應選派技術好的對口專業人員出國培訓。參加出國培訓的人員與公司簽訂《技術培訓協定》與《技術保密協議》。

2.出國前，擬派國外參加技術培訓的人員應在國內接受必要的預培訓，培訓內容如下。

(1)外語。

(2)針對出國培訓內容，對有關資料進行預習和相關知識的預培訓。

(3)操作技能的訓練。

(4)出國前進行有關政治形勢、保密和禮儀方面的教育。

3.出國培訓期間，應嚴格按照規定的日程和內容進行。

4.受訓人員應對所學內容作詳細記錄，回國後要進行認真總結，並向公司提交書面的培訓報告。

5.派出的培訓人員，應有嚴密的組織、嚴格的紀律。在國外的一切活動應遵守外事紀律。

(五)技術指導

1.供方派專家來公司技術指導前應安排好逐日的工作計劃。

2.對接受技術指導的人員要有明確的分工，事先熟悉加工圖紙，做好準備。

3.通過技術指導要掌握供方的技術標準，以求達到能獨立地生產出與供方品質相同的產品。

4. 對提高產品品質有明顯效果的技術標準，應由技術部逐步推廣到各個生產環節，全面提高技術水準和新老產品的品質。

(六)技術資料管理

供方按合約提供的與引進技術有關的圖紙資料，是技術引進的主要內容之一，是產品製造和消化吸收的原始依據，同時也是我公司的重要技術資料。為了保證引進技術不流失，保持公司的相對優勢，必須按照「技術引進圖紙資料管理辦法」中的各項規定嚴格管理。

六、對引進技術消化吸收和內化

(一)消化吸收

對引進技術的消化吸引包括以下內容。

1. 對引進的產品設計、製造技術、管理方法等，在掌握其系統設計理論與方法、製造技術、原料配方、技術流程、技術標準、檢測方法以及優質、低耗、高產、安全生產控制方法等技術訣竅的基礎上，提高企業的基礎管理水準，生產出品質、性能、成本均符合預期要求的設備或產品。

2. 對進口的關鍵設備、產品和元器件、基礎件、原材料樣品進行分析。

3. 對引進的技術或進口的設備，在學習掌握的基礎上，提高公司科技攻關與技術開發的起點，結合國情發展、創新，開發出具有自己特色、達到國際先進水準的新產品、新設備、新技術和新材料。

(二)內化

1. 內化是指在對引進技術消化吸收的基礎上，使用國內的零件和材料，製造出合格的產品。

2. 引進技術的內化進度應符合可行性研究報告中的要求。

（三）其他規定

1.對引進技術的消化吸收和內化工作必須在公司及上級機關的統一規劃、統一領導下進行。

2.公司及上級主管部門在安排引進工作時，必須同時安排消化吸收及內化工作。

3.編制引進技術消化吸收及內化計劃，組織專門的機構負責引進技術的消化吸收及內化工作，報上級批准後實行。

七、技術引進的程序

技術引進必須遵循科學合理的程序，具體如下圖所示。

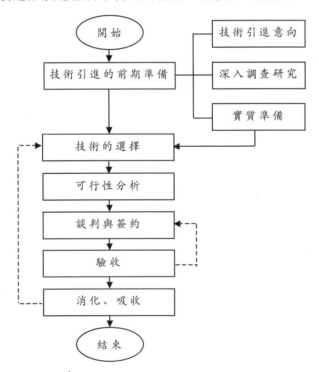

第 **5** 章

生 產 現 場 管 理

第一節　工廠管理崗位職責

一、工廠主任崗位職責

　　工廠是企業生產最重要的組織，工廠主任是完成生產任務的主要管理者，其職責包括組織擬訂年度工廠工作計劃，具體安排每月、每旬、每個工作日的生產計劃，生產現場管理，生產安全管理，指導培訓工廠人員，控制生產成本，評估班組工作效率，參與企業全面品質管制制度體系的建設等，其具體職責如下。

　　1. 根據作業計劃，開展生產工作、監控產品品質，確保產品按時、按質、按量交貨

　　2. 合理調配人力資源，調整生產佈局、安排、調整生產能力，提高生產效率

3. 工廠各班組的生產管理，監督、檢查各班組、各工序的生產進度和計劃完成情況

4. 生產工人的管理、教育、培訓，配合人力資源部進行考核、獎懲

5. 實施標準生產作業方法，填報標準生產能力表

6. 改善生產製造的方法，研究提高生產效率的對策

7. 生產品質管制及異常的預防、糾正、改善

8. 做好生產成本控制工作及每個月的成本核算分析工作

9. 建立工廠、班組責任制，按月考核並況現，調動工廠職工工作的積極性

10. 工廠的固定資產、勞動保護用品、水、電、氣的管理

11. 工廠的安全生產管理，生產現場的環境衛生管理

12. 其他相關職責

二、工廠班組長崗位職責

班組長全面負責班組工作，向工廠主任負責，其主要職責包括調配人員、分配任務、完成生產計劃、抓好班組現場管理、把好本班組應負的品質關、負責本班組各項生產、業務統計及彙報等工作事項，其具體工作事項如下。

1. 主持班前會和班後會，佈置每日生產任務

2. 寫好交班記錄，上報生產統計報表

3. 按生產指標對班組生產進行現場指揮

4. 協調與相關部門的工作聯繫

5. 巡視、監督、檢查班組各項工作

6. 檢查班組內安全技術操作規程

7. 進行操作示範和實地解決生產、技術、品質問題

8. 推行「5S」實現目標管理

9. 對員工進行有關生產方面的培訓

10. 做好每個工作日考勤、工作量及品質考核工作

11. 班組人員的日常管理

12. 完成工廠主任臨時交辦的其他工作

心得欄

第二節　生產現場管理的工作流程

一、工廠生產計劃管理流程

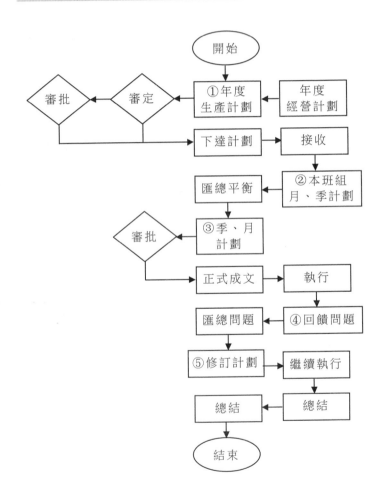

二、工廠生產目標管理流程

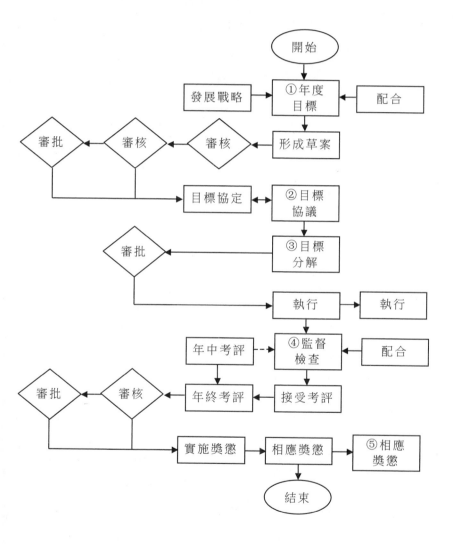

三、工廠生產調度管理流程

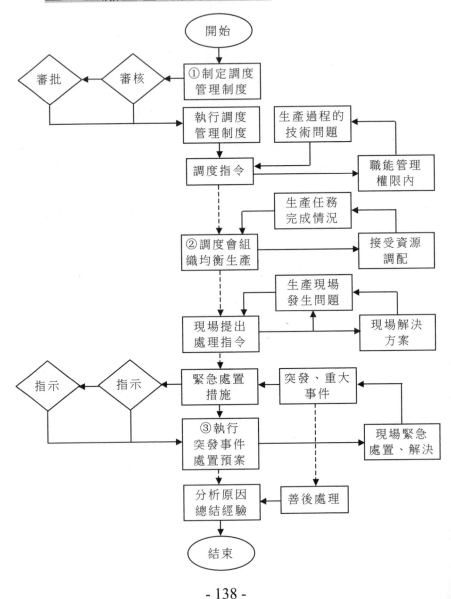

四、工廠生產進度控制流程

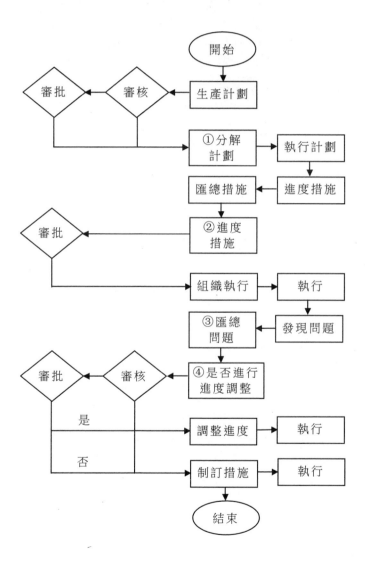

五、工廠生產任務安排流程

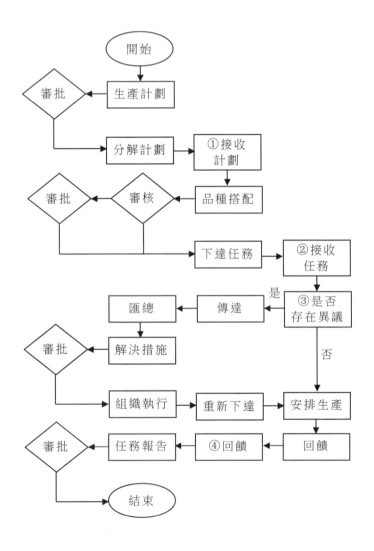

第三節　工廠管理制度

一、工廠員工管理制度

第 1 章　員工考勤管理

第 1 條　上班時間為上午　30 至　00，下午　30 至 18.00。

第 2 條　上、下班都必須打卡，如遇特殊情況，需由各自部門主管或人事主管簽名確認才可。

第 3 條　打卡時，不得代人打卡或偽造出勤記錄，一經發現，雙方各罰 20 元；不得爭先恐後，須排隊依次打卡，否則罰 10 元。

第 4 條　上班時，必須各就各位，不得聚集閒聊或做與工作無關的事情，否則罰 10 元，嚴重者開除處理；下班前，各小組搞好場地清潔後返回工作崗位，不得提前到打卡處打卡下班，不准大聲喧嘩，否則罰 10 元。

第 5 條　在工作期間，不得無故離開廠區。確有事者，須請示主管批准，打卡後才可出去，否則視為曠工，罰 50 元，嚴重者扣除當月獎金的 50%。

第 6 條　加班時，不得無故缺席，確有特殊原因，須提前申請由主管簽名批准交人力資源部確認方可。否則視為曠工，罰 50 元。

第 7 條　所有員工提前 5 分鐘到崗，不得遲到早退（如遇趕貨，上下班時間另作安排。未完成當天任務時，未經同意不得下班），上班時按要求穿戴好工作服。每月遲到超過 30 分鐘者，罰 30 元，不到 30 分鐘，但連續 3 個月都有遲到者，扣除第三個月獎金的 20%。

第 8 條　提前下班或有事請假者，須提前書面申請，由主管簽名

批准交人事部確認方可，否則視為曠工，罰 50 元。

第 9 條　請假超過 5 天者，需由主管批准方可。

第 10 條　缺勤時間，不計算工資。

第 11 條　員工辭職須提出書面申請，由主管簽名批准離開時間，並由人力資源部確認才可，否則其工資不予發放。

第 12 條　各班組長、主管辭職需由主管批准，確認其離開時間和處理好其交接工作，否則工資不予發放。

第 2 章　假期薪金規定

第 13 條　在國家規定的法定假日加班時，工資按照國家規定的 3 倍標準發放。

第 14 條　春節假期為 7 天(年初一至年初七)。

第 15 條　日薪的員工在春節假期間有薪日為 3 天(年初一至年初三)，其餘不算工資。

第 16 條　月薪的員工在春節假期間有薪日為 7 天(年初一至年初七)。提前放假或提前回家的天數，不計算工資。

第 3 章　生產責任規定

第 17 條　各部門員工應相互配合，相互監督，不得藉故推搪，影響生產，一經查實視情節的嚴重性做出相應處罰。

第 18 條　工廠員工必須做到積極生產，積極完成上級交辦的生產任務，服從工廠班長級以上主管的安排，對不服從安排的，將上報企業處理。

第 19 條　操作人員每日上班前必須將機器設備及工作崗位清掃乾淨，下班前均要打掃場地和設備衛生，並將所有的門窗、電源關閉。

第 20 條　工廠如遇原輔材料、包裝材料等不符合規定，有權拒

絕生產，並報告上級處理。如繼續生產造成損失，後果將由工廠各級
負責人負責。操作人員應嚴格要求每項工序，如因個人的疏忽而造成
問題，則個人應承擔相應的責任。

第 21 條　　加強現場管理，隨時保證場地整潔、設備完好。工廠
生產剩下的邊角餘料及公共垃圾，將由各組當日值日人員共同運出工
廠。

第 22 條　　各班組負責人將工廠組區域內的物品有條不紊地擺放
整齊，並做好標識，有流程卡的產品要跟隨流程卡。工廠內的工作環
境保持衛生整潔，保證產品不受到任何污染。

第 23 條　　在生產工作過程中，如遇解決不了的問題，應請示主
管，不得擅自處理，如造成嚴重後果的，將會追究當事者的責任。

第 24 條　　員工在生產過程中應嚴格按照品質標準、技術規程進
行操作，不得擅自提高或降低標準，在操作的同時做好記錄。

第 25 條　　在生產過程中，員工必須遵守安全操作規程，時刻注
意自己的人身安全和他人的人身安全。在生產過程中，因自己的違規
操作給工廠和他人造成損失或損害的，工廠有權追究個人的違規操作
責任。

第 26 條　　工廠嚴格按照生產計劃部指令，根據工廠設備狀況和
人員，精心組織生產。生產工作分工不分家，各生產班組須完成本組
日常生產任務，並保證品質。如果工作須當天完成，下班時還未完成
者，應請示主管做出妥善安排，否則影響了生產進度，要追究當事者
的責任。

第 27 條　　設備維修人員、電工必須跟班作業，保證設備正常運
行。

第 28 條　　所有工廠人員不得曠工，禁止在工廠聊天、嬉戲打鬧、
吵架打架、私自離開工作崗位等，違者按企業規定處罰。

第 29 條　對待廠方的任何物品，應輕拿輕放，若因個人原因對公物造成損壞的，當事人應適當做出賠償。

第 30 條　廠方的任何物品，未經主管批准，不准私自拿出廠。盜竊企業財產者，不論價值多少，一律交企業行政部處理。

第 31 條　工廠員工和外來人員進入特殊工作崗位時，應遵守特殊規定，確保生產安全。

第 32 條　本工廠人員在當月違反制度三次以上者，工廠各級主管也應接受相應處罰。

二、工廠生產管理制度

第 1 條　為確保安全生產、確保您的人身安全和家庭幸福，進入工廠的一切人員都必須嚴格遵守以下生產規則。

第 2 條　各員工嚴格按照生產操作規定進行操作，正確使用機械。所有人員未經允許，不得進入工作區，更不能開動設備。

第 3 條　所有人員均不得帶小孩進入工廠。

第 4 條　嚴禁員工帶病工作和班前酗酒，以避免安全事故的發生。

第 5 條　不允許穿涼鞋、拖鞋和高跟鞋進入工廠，操作者一般均應戴工作帽。女性工作者或長髮者的頭髮或辮子，必須塞進帽子裏。

第 6 條　工作時要穿工作服或緊身衣服，袖口要紮緊。

第 7 條　工作前應先清理工作台位物品再空機運作，進行聽、看等系列安全檢查後，確認無異常情況時才可正式操作，若發現問題要立即停機檢查和報請專業人員維修，嚴禁擅自拆卸機械及防護裝置。

第 8 條　嚴禁讓機械帶病工作或超負荷工作，否則後果自負。

第 9 條　工作時，頭不能離工件太近，防止切屑飛入眼睛。如果

切屑細而飛散，則必須戴上護目鏡。

第 10 條　工件或刀具必須裝夾牢固，否則會飛出傷人。機床開動時，不允許用量具測量工件，也不允許用手摸工件表面。

第 11 條　不可用手直接清除切屑，應使用鉤子或其他工具清除。不允許用手　住轉動的卡盤、夾頭或工件。

第 12 條　不允許任意裝拆電氣設備或機件。在車床、鑽床上工作時不允許戴手套。

第 13 條　工廠內嚴禁打鬧。

第 14 條　下班時，要關閉機械、電源等，清理工作區域，不可人離開崗位不關機械。

第 15 條　不可隨意移動電源、線路或私接亂拉電線，發現電線有裸露、損壞要及時反映給電工進行修復。

第 16 條　在工廠內嚴禁吸煙，抽煙人員必須在企業指定的吸煙區域內方可吸煙。

第 17 條　要經常保養機械設備，使其能夠正常運作，特別是水簾機、抽風機等容易出現安全問題的設備要加強安全預防。

第 18 條　在禁煙區域進行焊接、切割等動用明火的作業時，必須事先徵得有關人員同意，做好防護工作並有專人監控，方可操作。

第 19 條　各機械設備需專人專用，嚴禁非指定專業人員操作機械或未經許可動用他人機械設備。

第 20 條　違反上述規定者，工作人員有權對其進行批評教育，直至逐出工廠，移交有關部門處理。

第四節　工廠管理方案

一、工廠生產考核綜合方案

1. 完成月產量和工時計劃。每減少 1%扣 1 分。

2. 原輔料、能源消耗不超指標。每超 1%扣 0.2 分。

3. 搞好均衡生產，努力保證產品品質的穩定性，減少資金佔用。在製品的儲備量不超定額。每超 1%扣 0.1 分。

4. 嚴格控制產品品質，月品質評比得分不低於規定的標準，返修率不超過 4%，返工時間不超規定，不能出現品質事故。每項一次不達標扣 1 分。

5. 嚴格按照技術要求生產，服從技術部門的指導。一次不按技術要求扣 1 分。

6. 保持現場及衛生區整潔性。一次達不到標準扣 0.5 分。

7. 出勤率不低於 90%。每低 1%扣 0.2 分。

8. 準時報送有關報表。一次不準時扣 0.2 分。

9. 遵守廠紀廠規，每月工廠違紀現象不超過 3 人次。每超一人次扣 0.2 分。

10. 完成主管交辦的各項任務。一次完不成扣 1 分。

二、工廠管理人員考核方案

1. 工廠主任考核方案範例

指標類別	指標項	考評目的/內容	考評方法	考評主體
任務績效 (季 80%) (年 70%)	產品供貨及時率 20%，20%	及時供貨，提高客戶滿意度	產品供貨及時率＝按時交貨的總值/計劃交貨的總值×100%，不低於＿%	生產中心經理
	開箱合格率 20%，20%	保證產品品質	開箱合格產品數量/交付客戶的產品總量×100%，不低於＿%	生產中心經理
	廢品率 10%，5%	降低生產過程中的原材料浪費	廢品率＝(生產投入－生產產出)/生產投入×100%，不低於＿%	生產中心經理
	下屬行為管理 10%，5%	嚴格管理下屬情況	所管轄人員出勤率、違規事件數量	生產中心經理
	重要任務完成情況 20%，20%	企業下達的重要任務	期初確定里程碑(包括截止時間、階段性成果、品質標準)，期末檢查是否按期完成	生產中心經理
態度 (季 10%) (年 15%)	考勤 4%，5%			生產中心經理
	服從安排 3%，5%			生產中心經理
	遵守制度 3%，5%			生產中心經理
能力 (季 10%) (年 15%)	能力素質專業知識技能			生產中心經理

2.工段長、班組長考核方案

指標類別	指標項	考評目的/內容	考評方法	考評主體
任務績效 （年 80%）	工時 15%	計算完成的工作量	統計工時數	工廠主任
	產品合格率 15%	產品品質	交檢合格數/交檢數	工廠主任
	廢品率 20%	成本控制	產出數/投入數	工廠主任
	下屬行為管理 10%	嚴格管理下屬情況	所管轄人員出勤率、違規事件數量	工廠主任
	重要任務完成情況 20%	企業下達的重要任務	期初確定里程碑（包括截止時間、階段性成果、品質標準），期末檢查是否按期完成	工廠主任
態度 （年 10%）	考勤 4%			工廠主任
	服從安排 3%			工廠主任
	遵守制度 3%			工廠主任
能力 （年 10%）	能力素質專業知識技能			工廠主任

3.工廠調度員考核方案

指標類別	指標項	考評目的/內容	考評方法	考評主體
任務績效 (季 80%) (年 70%)	交付產品及時率 30%，30%	及時交付產品	按期交付產品數/計劃交付產品數	工廠主任
	工廠成本控制情況 30%，20%	降低生產成本	直接製造成本核算是否合理	工廠主任
	重要任務完成情況 20%，20%	企業下達的重要任務	期初確定重要任務完成截止時間，完成品質，期末考核	工廠主任
態度 (季 10%) (年 15%)	考勤 4%，5%		工廠主任	
	服從安排 3%，5%		工廠主任	
	遵守制度 3%，5%		工廠主任	
能力 (季 10%) (年 15%)	能力素質專業知識技能		工廠主任	

三、工廠工人績效考核方案

一、工廠工人考核的內容

(一)工作態度

1.行為表現方面

行為表現主要包括工作責任心，工作主動性、吃苦耐勞和團隊協作精神等。

2.遵守工作紀律方面

遵守工作紀律包括遵守工時紀律、遵守技術紀律、遵守組織紀律以及愛護機器設備，愛護原料、材料、燃料和動力等方面。

(二)技術業務水準

應按照《工人技術等級標準》中規定的「應知」、「應會」的要求技能。

(三)工作貢獻

工人的工作成果，主要是完成生產任務，產品的數量和品質或是定額工時的數量。

二、工廠工人考核的形式和方法

工作考核的形式很多，有經常性的日考核，有月考核、年度考核、技術考核和全面考核。考核的形式不同，考核的內容和方法也不盡相同。

(一)日考核和月考核

日常進行的日考核和月末進行的月考核，主要由班組進行。考核的內容主要是工作的勞動態度和勞動成果方面。這種考核通常是和工人的經濟責任制結合起來，作為月獎金發放的依據。

日考核在班組長的組織領導下進行。考勤員考核每個工人的出勤情況和工時利用情況，統計員考核生產任務、工作任務完成的情況，品質檢查員考核工作或產品的品質情況等。每天下班時，利用班後會的時間，班組長綜合各方面的考核情況，進行總結講評，並徵求大家的意見，最後摘其要點記在工人考核記錄簿（或行為業績檔簿）上。

(二)全面考核

1. 工人的全面考核，一般是每年年末進行一次，因此，也叫做年度考核。考核的內容除了態度和勞動成果之外，還要考核技術、業務學習和提高的情況，即日常的實際技能表現和技術、業務的熟練程度。

2. 考核的方法

第一，由職工本人總結一年來在勞動態度、技術業務方面的學習與進步以及勞動成果、貢獻等方面取得的成績和不足，作為自我鑑定

填寫在工人考核鑑定表上。

第二，由班組長在總結一年來對職工考核的基礎上，充分徵求大家和本人的意見，寫出小組考核意見，填入工人鑑定表的小組意見欄內。根據考核標準，在考核的幾個方面，以百分制（或優、良、可、差）的形式記上成績，上報工廠。

最後，由工廠對每個工作作出工廠的考核鑑定意見。報主管部門存檔。

(三)工作技術考核

工作技術考核，是按照人事部頒佈的工人技術考核條例的要求進行。一般是兩年進行一次。考核的內容是依據部頒工作技術等級標準中的「應知」、「應會」和典型實例。

考核的方法是根據上述內容要求，進行專業技術理論知識和實際操作技能的考試。技術考試通常是由企業統一時間、統一命題、統一組織。考核方案如下表所示。

生產工人考核指標				
指標類別	指標項	考評目的/內容	考評方法	考評主體
任務績效（佔80%）	工時 20%	計算完成的工作量	統計工時數	工長
	產品合格率 20%	產品品質	交檢合格數/交檢數	工長
	廢品率 20%	成本控制	產出數/投入數	工長
	重要任務完成情況 20%	企業下達的重要任務	期初確定里程碑（包括截止時間、階段性成果、品質標準），期末檢查是否按期完成	工長
態度（佔10%）	考勤 4%		工長	
	服從安排 3%		工長	
	遵守制度 3%		工長	
能力（佔10%）	能力素質專業知識技能		工長	

四、工廠主任的責任書方案

為了規範企業管理，落實目標管理經濟責任制，提高企業效益，經雙方協商，訂立如下目標管理績效考核責任書。

一、期限

自 2007 年 3 月 1 日至 2008 年 2 月 28 日。

二、甲乙雙方的權利和義務

(一)甲方擁有對乙方的管理考核權，負責監督、協調、指導工廠工作。

(二)乙方擁有對一工廠的生產管理權，負責工廠的一切日常事務。

三、核定年薪

四、目標與考核

(一)產量指標

A 產品產量較計劃每增減 1 噸，獎減 0.48 元。

B 產品產量較計劃每增減 1 噸，獎減 2.5 元。

C 產品產量較計劃每增減 1%，獎減動態工資的 1%。

(二)廢料回收率指標

廢料回收率較基準回收率每增減 0.1%，獎減動態工資 2.5%。

(三)保證輔料、維修費及電費單耗控制在計劃範圍內，較計劃增減均按以下公式獎減。

輔料＝(計劃單耗－實際單耗)×產量(處理量)×1

維修費＝(計劃單耗－實際單耗)×產量(處理量)×1%

電費＝(計劃單耗－實際單耗)×產量(處理量)×1

(四)發生設備、技術等責任事故，按照《技術、設備等事

故損失賠償標準》執行。

(五)安全事故

每發生一人次重傷事故扣減動態工資的 15%。

輕傷事故從第二次開始每出現 1 人次扣減動態工資的 5%。

責任事故加倍處理；發生責任死亡事故扣除全部動態工資。

(六)三廢排放嚴格執行國家規定標準，凡造成污染事故每次核減動態工資的 5%；考核期內未發生污染事故獎勵動態工資的 3%。

(七)負責本工廠目標管理與績效考核工作，凡隱瞞、虛報或不作為的，每次扣減動態工資的 5%。

五、執行

本責任書自××××年××月××日起執行。

甲方(簽字)：　　　　　　　　　乙方(簽字)：

＿＿＿年＿＿＿月＿＿＿日　　　　　＿＿＿年＿＿＿月＿＿＿日

五、標準化作業管理規定

第 1 章　總則

第 1 條　目的

為促進工廠的技術發展，規範生產作業流程，提高工廠的生產效率和產品品質，創造最大收益，根據工廠的實際情況，特制定本規定。

第 2 條　解釋說明

1. 標準化作業是指將工廠作業的各種規範如規程、規定、規則、要領等形成作業標準指導書，然後依據此作業標準指導書進行作業的過程。

2. 標準化作業以工廠現場安全生產、技術活動的全過程及其要素為主要內容。

第 3 條　適用範圍

本規定適合於工廠在標準化作業管理方面的相關事宜。

第 4 條　職責權限

工廠的標準化作業文件由技術部制定，生產部在生產現場負責執行。

第 2 章　標準化作業的實施

第 5 條　生產現場實施標準化作業之前要做好相關的準備工作，包括以下三個方面。

1. 人員準備，實施標準化作業之前必須對相關人員進行作業標準培訓，使生產現場的工作人員瞭解、掌握作業標準。

2. 技術準備，指編制標準化作業與原作業的區別表，對於較難的技術組織技術攻關，下發新的技術資料等。

3. 物質準備，指準備標準化作業所必需的工裝、量具和檢測器具等用具。

第 6 條　全廠宣導遵守標準的意識，將標準展示在工廠的宣傳板上，在日常工作中每位員工均需遵守作業標準。

第 7 條　班組長現場指導與跟蹤確認作業標準的執行，貫徹執行標準化作業。

第 8 條　現場作業指導書需放在操作人員隨手可以拿到的地方。

第 9 條　生產現場的負責人在標準化作業實施期間負責監督、檢查與指導，監督生產人員嚴格按照標準化作業的規定進行生產，同時收集標準化作業中存在失誤的地方。

第 10 條　對於不遵守標準化作業要求的行為，一經發現應立刻指正，馬上糾正行為。

第 11 條　實施標準化作業時應考慮、分析到不同的作業部門實

施標準化作業的潛力，要量力而行，避免打亂工廠正常的生產秩序。

第 12 條　作業標準在未經審批前不允許任何人隨意更改，對於多次違反標準化作業規定的生產人員，應採取停職培訓的措施，若操作仍不符合標準化作業的規定，作處理直至勸退。

第 3 章　標準化作業的考核

第 13 條　考核組織結構

標準化作業的考核以標準化作業考核小組為主要機構，組長由生產總監擔任，組員由生產部、品質管理部、技術部等部門抽調人員擔任，除組長外，組員可輪換。

第 14 條　標準化作業考核小組的主要工作是制定標準化作業的考核標準並負責具體的執行工作。

第 15 條　標準化作業的考核原則

1. 採用定量與定性相結合的考核方式。

2. 定量考核以工廠所記錄的生產數據與考核小組抽查的數據為準，定性考核做到公平、客觀。

3. 考核的結果與員工的收入直接掛鉤。

第 16 條　標準化作業考核的範圍

標準化作業考核的範圍主要是以標準化作業為主，包括員工對標準化作業的掌握程度、所生產的產品品質和數量、生產設備的故障率、品質事故的發生次數及生產環境等內容。

第 17 條　標準化作業的考核主要以季為考核單位，考核時間從每一季的開始一直持續到結尾，並在下季開始後五天之內宣佈考核結果與獎懲狀況。

第 18 條　在考核週期內，考核小組成員將不定期到生產現場檢查標準化作業情況，檢查完畢後由當日負責工廠生產的主任簽字確

認。

第 19 條 標準化作業的考核採用工廠考核與生產人員個人考核相結合的方式，考核結果根據工廠與個人的成績分別進行獎懲。

第 20 條 標準化作業考核的指標主要包括以下兩個部份的內容，如下表所示。

標準化作業考核的指標列表

類別	主要指標
1. 生產工廠標準化作業考核指標	(1)生產人員對標準化作業的掌握程度（平均值）
	(2)考核期內生產工廠產成品的合格率
	(3)考核期內生產工廠實際生產產量與計劃完成數量的差異率
	(4)工廠生產設備因操作問題而產生的故障次數
	(5)生產現場重大產品品質事故的發生次數
	(6)生產現場的環境在考核期內的平均達成率
2. 生產人員個人標準化作業考核指標	(1)生產人員個人對標準化作業的掌握程度
	(2)考核期內生產人員個人生產產品的合格率
	(3)考核期內生產人員的計劃生產任務與實際完成任務的差異率
	(4)生產人員生產產品的品質事故的發生次數
	(5)生產人員所使用的設備因人為原因造成的事故次數

第 21 條 標準化作業的考核採用百分制，由考核小組根據工廠保存的生產數據與抽查數據進行打分，根據最終的實際得分劃分為以下四個等級。

1. 優秀，90（含）～100 分。

2. 良好，80（含）～90 分。

3. 合格，70（含）～80 分。

4. 不合格，70 分以下。

第 22 條 標準化作業的考核結果除了與員工當月收入直接掛鉤

之外，其綜合結果也是工廠決定員工調整薪資級別、職位升遷和人事調動的重要依據。

第 23 條　生產總監對考核小組呈報的考核結果進行審核後，報總經理審批。總經理簽字同意後，考核結果即時生效。

第 24 條　任何人對考核結果有異議，可在考核結果公佈後的一週之內向考核小組提出。

第 25 條　考核成績主要運用於生產人員薪資、獎金的發放，同時與生產人員的晉升、調級等密切相關，生產工廠的考核成績主要與生產工廠主管人員的薪資、福利、獎金和晉升等密切相關，具體運用如下表所示。

標準化作業考核結果運用說明

考核對象	考核得分	結果等級	結果運用
工廠考核	90(含)～100分	優秀	1. 主任發放薪資額的＿＿％，作為獎勵 2. 獎勵工廠＿＿＿＿元的活動資金 3. 優先考慮培訓、晉升等
	80(含)～90分	良好	1. 主任發放薪資額的＿＿％，作為獎勵 2. 獎勵工廠＿＿＿＿元的活動資金
	70(含)～80分	合格	待遇不變，工廠無獎金
工廠考核	70分以下	不合格	1. 工廠主任扣發薪資額的＿＿％，作為懲處 2. 由工廠主任負責在規定期限內改善該工廠的生產面貌，否則做降職、調崗處理
人員考核	90(含)～100分	優秀	1. 發放薪資額的＿＿％，作為獎勵 2. 作為重點培養對象，優先考慮培訓、晉升
	80(含)～90分	良好	發放薪資額的＿＿％，作為獎勵
	70(含)～80分	合格	薪資待遇與福利不變
	70分以下	不合格	1. 扣發薪資額的＿＿％，作為懲處 2. 進行培訓與二次考核，若仍然不合格，則作轉崗處理直至勸退

六、作業指導書編制規範

第 1 章　總則

第 1 條　目的

1. 規範生產作業流程，實現生產作業的標準化，提高生產效率和產品品質。

2. 幫助生產操作人員識別物料與產品，採用正確的作業方法和自檢互檢方法。

3. 規定合理的作業時間，確保完成任務。

第 2 條　適用範圍

工廠各生產作業流程作業指導書的編寫與完善等相關工作均需參照本規範進行。

第 3 條　解釋說明

1. 生產作業指導書用於指導具體的作業，如儀器設備的操作、產品或原材料的檢驗與試驗、計量器具的檢定、產品的包裝等。

2. 作業指導書是為保證過程品質而制定的程序，是指導、保證生產作業過程品質的最基礎的文件，為開展純技術性品質活動提供指導，有時也稱為工作指導令或操作規範、操作規程、工作指引等。

第 4 條　職責分工

技術部門負責生產作業指導書的編寫與改善工作，生產現場嚴格執行作業指導書。

第 5 條　作業指導書按內容可劃分為以下三類。

1. 用於生產操作、核對安裝等具體過程的作業指導書。

2. 用於指導管理工作的各種工作細則、計劃和規章制度等。

3. 用於指導自動化程度而操作相對獨立的標準操作規範。

第 2 章　作業指導書編寫原則與內容

第 6 條　編寫原則

1. 簡單實用的原則。

2. 內容易懂的原則。

3. 盡可能方便使用者的原則。

4. 易於修改的原則，在持續品質改進過程中，發揮員工的積極性和創造性。

5. 與已有的各種文件有機結合的原則。

第 7 條　為明確編寫作業指導書的必要性，技術部門需回答以下問題。

1. 為什麼要編制此作業指導書？

2. 有了此作業指導書，能執行什麼任務？能夠控制那些影響品質的因素？

3. 崗前培訓、崗位培訓能否覆蓋或取代此作業指導書？

第 8 條　作業指導書編寫內容

1. 作業內容，即此工序需要做的事。

2. 作業簡圖，即用圖示的方式表達作業內容。

3. 作業工時，即完成此工序所需要的時間。

4. 品質要求與檢查。

5. 物料內容描述，即此工序所用到的物料。

6. 使用工具描述，即此工序所用到的工具。

7. 注意事項，即在操作時遇到的問題與必須注意的地方。

8. 審批權限。

9. 適用的產品名、工序、編號和日期，便於文件管理。

第 9 條　編寫內容應滿足 5W1H 原則

1.　Where，即在那裏使用此作業指導書。

2. Who，即什麼樣的人使用該作業指導書。

3. What，即此項作業的名稱及內容是什麼。

4. Why，即此項作業的目的是什麼。

5. When，即何時使用該作業指導書。

6. How，即如何按步驟完成作業。

第 10 條　數量要求

1. 不一定每一個工位、每一項工作都需要成文的作業指導書。

2. 在培訓充分有效時，作業指導書可適量減少。

第 11 條　作業指導書需是生產作業特定操作的條件和標準，具體要求如下。

1. 條件

(1)明確操作的場合或前提條件。

(2)明確這項操作由誰開始和認可。

(3)規定人員條件、環境條件、設備要求和量塊要求等檢定條件。

2. 標準

作業指導書需提供權威的作業標準，如尺寸、公差、公式、表格、溫度範圍、表面條件、加工方法、成分和原材料等。

第 3 章　作業指導書具體編寫要求

第 12 條　技術部門在編制標準化作業文件之前應廣泛地調查研究與收集資料，確定各項作業內容以及可以進行標準化的內容。

第 13 條　技術部門在制定作業標準時所收集的資料應包括以下四個方面的內容。

1. 國內外與本工廠產品或生產線有關的標準資料。

2. 與工廠的現場生產相配套的標準和相應的參考資料。

3. 工廠的設計部門、生產部門、品質部門及具體操作人員對作業

標準的意見和建議。

4. 與作業標準相關的歷年現場生產技術數據。

第 14 條　技術部門編制出的標準作業草案經生產總監審核後必須發放到生產現場由工廠試運行，試運行的時間一般不超過兩個月。

第 15 條　技術部門根據收集到的試運行信息與相關部門進行討論、求證，對標準作業方案進行最終的校對確認，並報生產副總與總經理審批，審批通過後方可執行。

第 16 條　技術部門制定的作業標準必須包括產品標準、技術標準、半成品標準、設備技術標準、計量標準、包裝技術標準、包裝材料標準、現場環境標準、安全生產技術標準、標識、搬運技術標準和技術基礎標準等內容。

第 17 條　格式要求

1. 以滿足培訓要求為目的。

2. 既可以用文字描述，也可以用圖表表示，或兩者結合起來使用。

3. 簡單、明瞭、無歧義。

4. 美觀、實用。

第 4 章　作業標準的修改與復審

第 18 條　技術部門與生產現場定期召開作業標準改善檢討會議，提出作業改善的相關事項及方向，不斷完善作業標準。

第 19 條　有下列情形之一者，技術部門需修改作業標準。

1. 標準中的內容在配上圖後仍有含糊不清、難以理解的。

2. 標準中要求的工作在現實中無法完成或即使完成也需要付出很大代價。

3. 工廠生產的產品品質水準已經做出變更。

4. 技術流程已經改變。

5. 生產設備的部件或材料已經發生改變。

6. 生產設備、生產工具或使用的儀器發生改變。

7. 工作程序出現了變動。

8. 影響生產的外界因素或要求發生了變動。

9. 標準或行業標準發生了改變。

第 20 條　修訂作業標準時，必須由生產部或技術部門提出申請，經生產總監組織相關人員開會審議後，方可進行修訂。

第 21 條　修訂作業標準時，對於工廠在生產中無法滿足的標準，只能採取組織技術攻關或引進新的技術及設備的措施，不允許隨意降低作業標準。

第 22 條　根據現實情況的需要，工廠所制定的作業標準需每兩年進行一次復審。

第 23 條　復審工作由生產總監組織生產部、技術部、品質管理部的相關人員組成作業標準復審工作小組進行。

第 24 條　作業標準的復審結果一般包括重新確認、修改、修訂與廢止四種，具體執行如下。

1. 確認，指作業標準仍能滿足當前生產的需要，各種技術參數與技術指標符合當前的技術發展水準，作業標準的內容不做修改。對於此類復審結果，只需在複印的封面上註明「XXXX 年確認」即可。

2. 修改，指對作業標準的名稱、技術參數、示意圖和示意表等內容進行少量的修改與補充，經修改補充後，此類作業標準仍然可以使用。

3. 修訂，指當主要的作業標準內容發生較大的改變時，需要重新修訂原來的作業標準。此類標準進行修訂時必須在原件處附上修訂的詳細依據(如原標準執行時存在的問題、技術的發展現狀等)，並且按照標準的編號將原作業標準資料全部收回後再下發修訂過的作業標

準。

4.廢止，指復審的作業標準的內容已不適合當前的生產需要或復審時的作業標準已經失去了意義，故做廢止處理。

七、生產現場派工方案

1.目的

生產現場派工是執行生產作業計劃、控制生產進度的具體手段。為有效執行生產計劃，按時、保質、保量完成工廠的生產任務，特制定本方案。

2.適用範圍

本方案適用於生產現場派工的相關事宜。

3.相關解釋

(1)日常生產派工

日常生產派工是把每週、每日、每個輪班以至每個小時各個工作崗位的生產任務進行具體安排，把班組的生產作業計劃任務具體分解為各個工作地在更短時期內(如週、日、輪班、小時)的生產任務，並檢查各項生產準備工作，以保證按生產作業計劃進行生產。

(2)派工單

派工單也稱派工指令，是生產憑證之一。其除了具有開始作業、發料、搬運和檢驗等生產指令的作用以外，還有控制在製品數量、檢查生產進度、核算生產成本等原始憑證的作用。

4.現場派工方法

根據不同的生產類型，日常生產派工也有不同的方法，如表所示。

現場派工方法說明

現場派工方法	適用範圍	方法具體操作
標準派工法	大量生產的現場（每個崗位和操作人員固定完成一道或少數幾道工序）	採用標準計劃或標準工作指示圖表 1. 標準計劃把各工作崗位的加工工序、加工順序、日產量和操作人員工作安排等都製成標準，從此固定下來 2. 操作人員每天按照標準計劃工作，不必經常分配任務 3. 當每月產量有變動時，只需調整標準計劃中的日產量即可
定期派工法	成批量生產現場	根據月生產作業計劃，每隔旬、週或三日，定期為每個工作地分派工作任務 1. 派工時要考慮保證生產進度，充分利用設備能力，同時要編制零件加工進度計劃和設備負荷計劃 2. 派工時應注意區別輕重緩急，保證關鍵零件加工進度和關鍵設備負荷飽滿 3. 分配給工作地和操作人員的任務需符合設備特點和生產技術水準
臨時派工法	單件小批量生產現場（生產任務雜且數量不定，各工作地擔負的工序和加工的零件品種多、數量小）	靠臨時派工來調整生產現場中人力和設備的使用 1. 根據生產任務和生產準備工作的實際狀況，以及生產現場的實際負荷狀況，隨時把需要完成的生產任務下達到各個工作地

續表

現場派工方法	適用範圍	方法具體操作
臨時派工法	單件小批量生產現場(生產任務雜且數量不定,各工作地擔負的工序和加工的零件品種多、數量小)	2. 分配任務時一般採用任務分配箱作為派工工具,幫助調度員和班組長隨時掌握各工作地的任務分配情況、準備情況及工作進度,每個工作地設三個空格,分別存放已指定、已準備和已完工的生產任務單 (1) 當工作地被指定完成一項新任務,正在進行準備工作時,任務單放在「已指定」一格 (2) 當工作地完成作業準備工作,開始加工時,將任務單從「已指定」一格取出,放入「已準備」一格 (3) 當工作地完成作業後,將任務單從「已準備」一格取出,放入「已完工」一格
輪換派工法	現場工作條件較惡劣,使操作人員身體某些部位高度緊張,容易造成疲勞的崗位	可以實行輪換派工法,在每個輪班內,一半時間在該崗位工作,另一半時間換到其他崗位工作,以減少和消除操作人員過度疲勞及不適感,保持其情緒穩定,確保生產效率和品質

5. 派工單管理

正確使用派工單,選擇適合生產特點的派工單形式,對建立正常的生產秩序具有重要作用。現場派工單的具體形式如表所示。

派工單種類及說明

派工單類型	說明	特點分析	適用範圍
加工路線單（跟單或長票）	以零件為單位綜合發佈的指令，指導操作人員依技術路線順序進行加工，並隨零件一起運行，各道工序共用一張生產指令	1. 優點，有利於控制在製品流轉，加強上下工序銜接 2. 缺點，一票到底，週圍環節多，易於汙損和丟失	生產批量小或者批量雖大但工序較少、生產週期較短
工序工票（工序票或短票）	以工序為單位，一序一票，一個零件加工過程中有多少道工序就有多少張工序票	1. 優點，週轉時間短，使用靈活，不易丟失和汙損 2. 缺點，一序一票，管理工作量大	適用於大批量生產
看板（傳票卡）	是領料、送貨和生產的指令	1. 無看板不領料，後一道工序根據加工完畢零件的看板到前一道工序去領料 2. 無看板不運送，搬運工人根據看板數量在工序間運送 3. 無看板不生產，前一道工序根據後一道工序送來的看板決定生產數量	所有生產類型

第 **6** 章

生 產 品 質 管 制

第一節　生產品質管制崗位職責

一、品質主管崗位職責

　　品質主管的主要職責是，根據公司總體發展規劃，確定產品品質方針，建立公司產品品質控制體系及標準，推進公司品質管制體系的運作與實施，全面提升公司產品的品質水準，其具體職責如下。

1. 擬定企業各項品質管制制度，報審批後嚴格執行
2. 組織編制符合 ISO9000 品質體系認證的品質手冊和程序文件並申請通過認證
3. 對生產過程半成品的品質進行跟蹤控制、對生產過程中的品質問題，進行妥善處理
4. 組織人員對原料、半成品、成品進行檢驗

5. 組織相關人員對產品品質問題和客戶意見進行分析，並提出改進措施

6. 負責各類品質管制文件、資訊的採集、整理與歸檔

7. 追蹤國內外品質管制動態，對品質管制新技術、新方法提出建議

8. 撰寫品質分析報告並報送相關部門審閱

9. 負責本部門日常管理工作，完成直接上級交辦的其他任務

二、品質管制專員崗位職責

品質管制專員執行公司產品品質的方針，協助品質主管開展全面品質管制活動，確保產品品質穩定提高，其具體職責如下。

1. 協助品質主管建立公司品質管制體系、制度、流程、規範和標準

2. 監督檢查各部門品質體系運行情況，並隨時進行跟蹤檢查

3. 參與企業全面品質管制活動以及企業品質體系認證工作

4. 對公司採購物資進行入庫檢驗並出具檢驗報告，對不合格物資提出相應的措施

5. 巡檢生產工廠，及時制止、處罰違章操作

6. 負責企業生產半成品、產成品的品質檢驗工作

7. 分析產品品質狀況並協助技術及各生產工廠改善產品品質

8. 及時記錄、匯總、存檔各項質檢相關資料，並及時上報品質主管及其他相關部門

9. 不斷學習和引進新技術、新方法，對原有的品質檢驗方法進行改進，提高產品品質

第二節　生產品質管制流程

一、採購物資檢驗管理流程圖

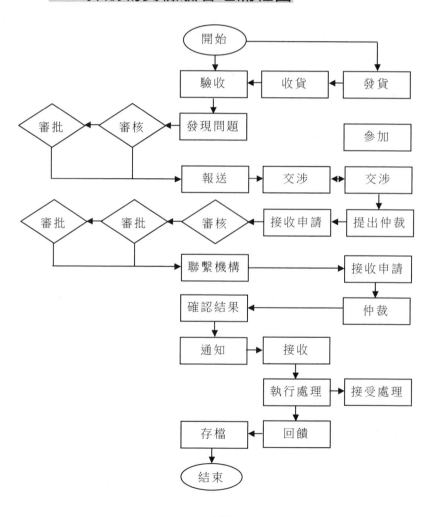

二、生產過程檢驗管理流程圖

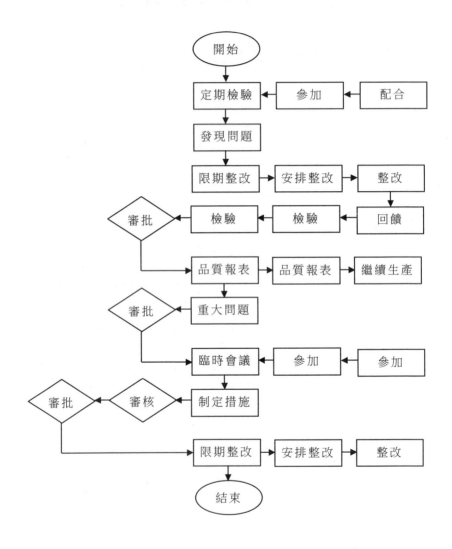

三、產成品檢驗管理流程圖

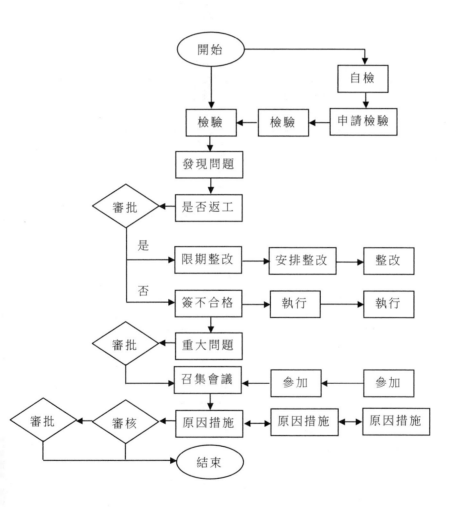

四、不合格品處理管理流程圖

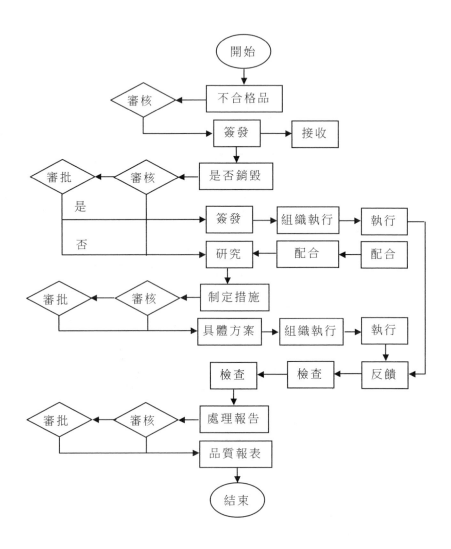

五、品質統計管理流程圖

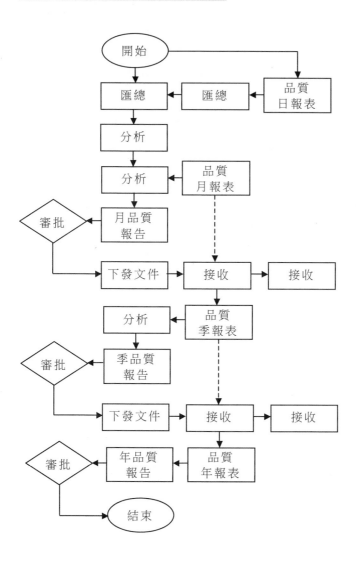

六、品質改進管理流程圖

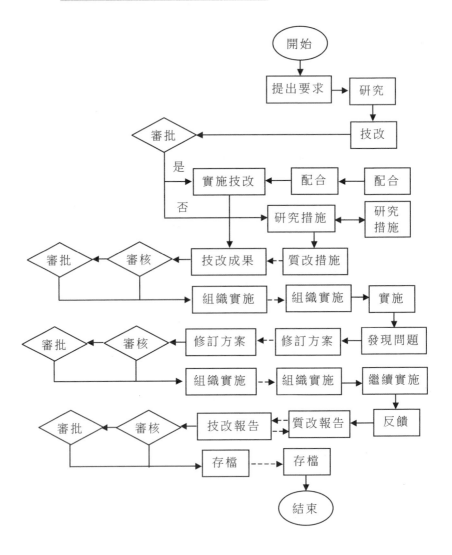

七、品質認證管理流程

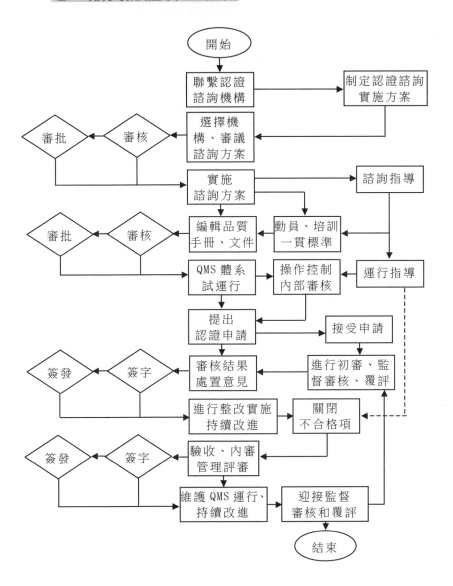

第三節　生產品質管制制度

一、品質日常檢查制度

第 1 章　目的

第 1 條　為避免因員工的疏忽導致不良的影響，使全體員工重視品質管制，特制訂本制度。

第 2 章　檢查的內容

第 2 條　工作檢查。

第 3 條　生產操作檢查。

第 4 條　自主檢查。

第 5 條　協作廠商品質管制檢查。

第 6 條　品質保管檢查。

第 7 條　設備維護檢查。

第 8 條　其他可能影響產品品質者。

第 3 章　檢查的頻率與項目

第 9 條　依檢查範圍的類別，以及對產品品質影響的程度而定。

第 4 章　實施單位及其他

第 10 條　品質日常檢查由公司品質管制部及其他相關部門負責實施。

第 11 條　檢查內容相關說明，如下表所示。

檢查內容表

檢查內容	相關說明
工作檢查	· 必須由各單位主管配合執行 · 頻率：正常時每週 1 次，每次 2～3 人，但至少每月一次；新進人員開始時每週 1 次，至其熟練後，與其他人員一樣；特殊重大的工作則視情況而定
生產操作檢查	每週 3 次，每次 2 人
自主檢查	對每個檢查站每 2～3 天檢查一次，並視情況調整
協作廠商品質管制檢查	· 品質管制部會同其他有關部門人員，不定期巡迴檢查各協作廠商、原料供應商、加工廠商 · 檢查人員及時填寫《外部協作廠商品質管制檢查表》
品質保管檢查	· 主要對原料、加工品、半成品、成品等進行檢查 · 頻率：每週 1 次
設備維護檢查	每週 2 次、每次檢查 2～3 個設備並填寫《設備維護檢查頻率表》

二、制程控制管理制度

第 1 條　為加強產品品質管制，規範過程品質管制工作，確保產品在生產過程中品質穩定且處於受控狀態。力求提高產品品質，特制定本規定。

第 2 條　原材料投入加工至裝配為成品的整個階段。

第 3 條　品質管制科、生產部門及各生產工廠的職責如下表所示。

各科、各部門職責表

部門	職責
品質 管理部	・ 制程品質管制人員，也稱 PQC(Process Quality Control)依規定的檢驗頻率與時機，對每一工作站進行逐一查核、指導，糾正作業動作，即實施制程巡檢 ・ 記錄、分析全檢站及巡檢所發現的不良品，採取必要的糾正或防範措施 ・ 及時發現顯在或潛在的品質異常，並追蹤處理結果
生產 部門	・ 制定合理的技術流程、作業標準書 ・ 提供完整的技術資料、文件 ・ 維護、保養設備與工裝，確保正常運作 ・ 不定期對作業標準執行與設備使用進行核查 ・ 會同品質部處理品質異常問題
製造 部門	・ 作業人員應隨時自我查對，檢查是否符合作業規定與品質標準，即開展自檢工作 ・ 下工程(序)人員有責任對上工程(序)人員之作業品質進行查核、監督，即開展互檢工作 ・ 裝配工廠應設立全檢站，由專職人員依規定的檢驗規範實施全檢工作，確保產品的重要的項目符合標準，並做不良記錄 ・ 製造部各級幹部應隨時查核作業的狀況，對異常進行及時排除或協助相關部門排除

第 4 條　製造過程是產品品質的直接形成過程，因此這一過程管理的重點是，建立一個能夠穩定地生產合格產品的管理網路，抓好每個環節上的品質保證和預防工作，對影響產品品質因素進行全面的控制。這一過程的主要工作如下。

(1)嚴把材料品質關。

(2)制定檢查標準與技術規程。

(3)生產過程管理與分析，協助生產部門做好產品品質管制。

(4)掌握產品品質動態、加強不合格品的管理。

(5)過程巡檢及產品品質異常原因的分析與處理。

(6)半成品庫存的抽檢及報廢品的鑑定。

(7)監督儀器、量規的管理與校正。

(8)對作業標準與技術流程提出改善意見或建議。

(9)加強作業人員的技術指導與培訓。

第 5 條　現場制程品質管制人員工作程序如下圖所示。

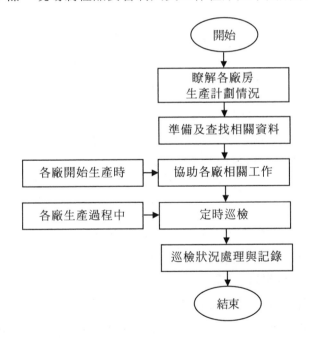

第 6 條　操作人員要按操作標準操作，每一批的第一件加工完成後，必需經過有關人員實施首件檢查，等檢查合格後，才能繼續加工，

各組組長實施隨機檢查。

第 7 條　檢查站人員要按檢查標準檢查,不合格品檢修後需再次檢查合格後才能繼續加工。

第 8 條　品質管制部制程科派員巡迴抽驗,做好制程管理與分析,並將資料回饋有關單位。

第 9 條　發現品質異常應立即處理,追查原因,並矯正及做成記錄,防止再次發生。

第 10 條　檢查儀器量規的管理與校正。

第 11 條　製造過程品質異常的定義。

(1)不良率高或問題大量出現。

(2)控制圖曲線有連續上升或下降的趨勢。

(3)進料不良,前一工序不合格品納入本工序中。

第 12 條　實施要點。

(1)制程檢驗員在製造過程中發現品質異常時,應立即採取臨時措施並填寫「異常處理單」,通知品質管制單位。

(2)填寫「異常處理單」需注意以下 3 項。

①同一異常已填單後在 24 小時內不得再填寫。

②詳細填寫,尤其是異常內容,以及相應的臨時措施。

③若本單位就是責任部門,則先確認。

(3)品質管制部門對改善對策的實施進行檢查,瞭解現狀,若仍發現異常,別再請責任部門調查,重新擬定改善對策;若已改善應向企業最高管理者報告並歸檔。

第 13 條　品質管制部負責本規定制定、修改、廢止的起草工作。

第 14 條　企業最高層管理者負責本規定制定、修改、廢止的核准。

三、不合格品管理辦法

第 1 章　目的

第 1 條　適時處理不合格品，監審其是否堪修，是否能轉用或必須報廢，使物料能物盡其用，並節省不合格品的管理費用及儲存空間。

第 2 章　範圍

第 2 條　品質不符合規格的進料（含加工品，以下所稱的進料，均含加工品在內）、半成品及成品且被認為不堪修者，但不包括以下兩項。

（1）進料檢驗時判定的不合格的進料（應退貨或特採）。

（2）進料檢驗後發現的不合格的進料且責任屬進料供應商的（應退貨或交換良品）。

第 3 章　實施單位

第 3 條　由品質管制單位負責召集工程、生產、物料等有關單位，組成監審小組負責監審。

第 4 章　不合格品的產生原因

第 4 條　不合格產品產生的原因集中在產品設計、工序管制、原材料採購等環節，具體表現如下表所示。

不合格品原因分析表

原因類別	原因分析
產品開發 設計	產品設計的製作方法不明確
	圖樣、圖紙繪製不清晰、標碼不準確
	產品設計尺寸與生產用零配件、裝配公差不一致
	廢棄圖樣的管制不力,造成生產中誤用廢舊圖紙
機器與設備 管理	機器安裝與設計不當
	機器設備長時間無校驗
	刀具、模具、工具品質不良
	量具檢測設備精確度不夠
	溫度、濕度及其他環境條件對設備的影響
	設備加工能力不足
	機器、設備的維修、保養不當
材料與配件 控制	使用未經檢驗的材料或配件
	錯誤地使用材料或配件
	材料、配件的品質變異
	使用讓步接受的材料或配件
	使用替代材料,而事先無精確驗證
生產作業 控制	片面追求產量,而忽視品質
	操作員缺少必要的培訓
	對生產工序的控制不力
品質檢驗與 控制	品質規程、方法、應對措施不完善
	沒有形成有效的品質控制體系
	品質標準的不準確或不完善

第 5 章　不合格品記錄

　　第 5 條　對不合格品的記錄是為了方便以後的品質追溯,以及為工廠品質改善提供原始資料。對不合格品的記錄應包括以下具體內容。

(1)不合格品的名稱、規格、顏色、編號。

(2)不合格品產生的訂(工)單號、生產日期、部門。

(3)不合格品數量佔總產量的比率。

(4)不合格品的缺陷描述。

(5)相關部門對不合格品的評審結論。

(6)不合格品的處置意見和實施結果的詳細情況。

(7)針對不合格現象的糾正與預防措施及實施效果。

第 6 章　　不合格品的處理

第 6 條　不合格品處理的基本要求。

(1)及時發現不合格品,做出標記並隔離存放。

(2)確定不合格品的範圍,如機號、時間和產品批次等。

(3)評定不合格品的嚴重程度。

(4)按規定進行不合格品的鑑別、記錄、標識、隔離、控制、審查與處理,並加以記錄。

(5)通知受不合格品影響的部門做好預防措施。

(6)不合格品處理人員,必須由品質管制部門經理授權確認。

(7)處理不合格品必須堅持的原則:原因找不出不放過;責任查不清不放過;糾正措施不落實不放過。

(8)不合格品的處理結論一次性有效,不能作為以後不合格品處理和驗收的依據。

(9)屬於檢驗員錯檢、漏檢通過的不合格品,由操作者與檢驗員共同在「責任」欄內簽字,各負其責。

(10)尚未設計定型產品的不合格品,以設計部門為主要責任人。

第 7 條　不合格品處理的程序。

(1)記錄、標識、隔離。

(2)預先處理：由品質檢驗員判定不合格品的類別，然後決定提交那一級處理。

(3)做出結論：按規定許可權，對不合格品做出結論(報廢、返修、返工和超差使用)。

(4)處理結論的實施。

第 8 條　不合格品的處理。

(1)糾正，對已發現的不合格之處採取必要的措施使其達到一定的狀態。

①返工：品質管制部將批准返工的不合格產品的評審報告交於各生產工廠進行返工，使其達到正常的標準。

②返修：為使不合格產品能達到顧客滿意所進行的一定程度的再加工。

③降級：對不合格產品等級的改變。

(2)讓步接受，是指產品零件不合格，但其不符合的項目和指標對產品的性能、壽命、安全性、可靠性、互換性及產品正常使用均無實質性的影響，也不會引起顧客的申訴、索賠而准予使用和放行。

第 9 條　不合格品無論被確定為何種處置方式，檢驗人員都應立即做出標識並及時、分別進行隔離存放，以免發生混淆。

第 7 章　不合格品的控制

第 10 條　明確檢驗員的職責和不合格品標識方法。

(1)品質檢驗員按產品圖樣和加工技術文件的規定檢驗產品，正確判別產品是否合格。

(2)對不合格品做出識別標記，並填寫產品拒收單及註明拒收原因。

第 11 條　明確不合格品的隔離方法。對不合格品要有明顯的標

記，存放在工廠指定的隔離區，避免與合格品混淆或被誤用，並要有相應的隔離記錄。

第 12 條　明確不合格品評審部門的責任和許可權。

(1)不合格品不一定都是廢品。對不合格程度較輕，或報廢後造成經濟損失較大的不合格品，應從技術性方面加以考證，決定是否可以在不影響產品適用性或客戶同意的情況下進行合理利用，或經返工、返修等補救措施，這就需要對不合格品的適用性逐級做出判斷。

(2)對產品品質鑑別涉及產品的符合性與適用性兩種不同等級的判斷。

①符合性判斷。檢驗員的職責是按技術文件檢驗產品，判斷產品是否符合品質要求，正確做出合格與否的界定。

②適用性判斷。對不合格品是否適用，則不能要求檢驗員承擔判別的責任和許可權。它是一項技術性極強的判別，應由品質管制部門主管以上級別人員，根據不合格程度及對產成品品質的最終影響程度確定分級處理辦法，並規定品質管制部門、技術部門、生產部門、工程技術部門、採購部門、設備管理部門和生產工廠等相關部門的參與程度和評審許可權。

(3)明確不合格品處置部門的責任和許可權。根據不合格品的評審與批准意見，明確不合格品的處理方式及承辦部門的責任與許可權。相關部門按處置決定對不合格品實施搬運、儲存、保管及後續加工，並由專人加以督辦。

第 13 條　實施要點。

(1)發現不合格品，且認為不堪修者，即由發生單位填具「不合格品監審單」(填妥不合格品的品名、規格、料號、數量、不良情況等)，送請監審。

(2)監審時需審慎，並考慮多方面的因素，例如，是否堪修或必

須報廢、檢修是否符合經濟效益、是否為生產的急需品、是否能轉用於另一等級產品等。

(3)監審小組將監審情況及判定填入「不合格品監審單」內，並經廠長核准後，由有關單位執行。

(4)監審小組應於三日內完成監審工作。

第 8 章　不合格品預防措施實施流程

第 14 條　不合格品預防措施實施主要有如下圖所示的 5 個步驟。

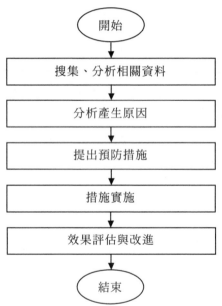

開始

搜集、分析相關資料

分析產生原因

提出預防措施

措施實施

效果評估與改進

結束

四、品質培訓制度

第 1 條　為提高員工的品質意識與品質管制技能、豐富其品質知識，以保證公司產品的品質。

第 2 條　適用範圍：全體員工及供應商。

第 3 條　品質管制培訓內容。

培訓內容	培訓對象	培訓內容說明
品質意識培訓	全體公司人員	· 提高全體員工的品質意識是進行品質管制的前提 · 培訓內容主要包括相關的品質法律法規、產品品質對員工、公司及社會的意義和作用等
品質知識培訓	全體公司人員	不同類別人員進行不同層次的培訓 · 中高層人員的培訓內容以相關品質法律法規、經營理念與經營決策為主 · 一般管理人員的培訓內容以品質管制理論和發放為主 · 一線操作人員的培訓內容以本崗位品質控制和品質保證所需的知識為主
技能培訓	全體公司人員	本崗位所需專業技能的培訓
協作廠商品質管制	公司的供應商	產品品質管制及其他

第 4 條　培訓的實施與管理，由公司品質管制部負責策劃與實施，人力資源部協辦。

第 5 條　培訓方式的選擇。

(1)在職培訓，為本公司內部培訓，由本公司培訓講師或外聘講師到公司進行講授。

(2)脫崗培訓，如選派部份人員參加外部單位組織的講座，進行國外考察等。

第 6 條　培訓的考核與評估。

在培訓實施過程及培訓工作結束後，公司要對參訓人員進行考

核，考核的主要方式有培訓考勤管理、培訓評估回饋表、測驗、實際工作表現等。

第 7 條　品質管制部門應為每位參訓員工建立品質管制培訓記錄卡，記錄其受訓內容、培訓考核成績等內容，為以後的相關工作提供參考。

第 8 條　本辦法由公司品質管制部核定後實施，修訂後亦同。

五、品質提案改善制度

第 1 章　目的

第 1 條　為激發員工潛能，鼓勵全體員工提出合理化的建議，達到降低成本、提高產品品質，促進公司生產的改善及業務的發展，特制定本制度。

第 2 章　適用範圍

第 2 條　本企業員工對本公司生產、技術、品質改善等方面的改善建議，均適用本規章。

(1)各種操作方法、生產程序、生產管理方法的改進。

(2)引進先進的設備和先進技術進行吸收及改進。

(3)適用於市場的新產品、新技術和新設計。

(4)生產中急需解決的技術難題。

(5)設備設計更新、功能改進、操作改善。

(6)產品品質改進。

(7)產品設計改善，包裝或外觀改進。

(8)原材料節省、廢料利用及其他成本降低改進。

(9)生產安全、設備保養等改善。

(10)其他有利於企業的建議。

第 3 條　非提案範疇。

(1)攻擊團體和個人的提案。

(2)訴苦或要求改善待遇的提案。

(3)已被採用過及已有他人先提出之提案。

第 3 章　提案審核組織

第 4 條　本公司成立提案審核委員會，由總經理全面負責。下設審核小組、改善實施小組。

(1)審核小組。

①審核小組由各部門經理組成。

②審核小組主要負責提案的初審、提案履行成果的檢查與確認。

(2)改善實施小組。

①改善實施小組由品質管制部門、技術部門、生產部門的人員擔任。

②改善實施小組主要負責提案實施的策劃與督導。

第 4 章　提案實施程序

第 5 條　提案人或提案部門應填寫規定的提案表，必要時另加書面文字或圖表說明，交於公司人事行政部，如下表所示。

提案改善表

姓名		所在崗位		所屬部門		提案時間	
提案改善類別		□工程類　　□產品類　　□管理類　　□其他(請註明)					
目前現狀及存在的問題							
建議改善的內容							
改善後的預期效果							
說明		· 提案內容所涉及的目前現狀及存在的問題應詳細描述現狀，必要時配以圖表、樣品或文字說明 · 改善方案應具體、可行，必要時配以圖表、樣品或文字說明 · 預期效果應儘量明確 · 現行方法、改善方案、預期效果如不夠填寫。可另附紙說明					

第 6 條　公司行政人事部將匯總的提案交於審核小組。

第 5 章　提案受理與審查

第 7 條　審核小組對提案進行編號、登記。

第 8 條　審核小組初審提案，必要時應與提案人聯絡，瞭解提案內容，並做出初步裁定。裁定結果分為可行、保留或不可行三種。

第 9 條　將審核結果為可行的提案交至審核委員會，審核委員會做出最終的裁定。

第 6 章　提案處理

第 10 條　對裁定結果為可行的提案，予以採用並交由相關部門實施。

第 11 條　　對保留提案，經過審核委員會綜合考慮後再做決定，同時將保留理由告知提案人或提案部門。

第 12 條　　對不可行提案，將原件返回給提案人或提案部門。

第 7 章　　改善提案實施與追蹤

第 13 條　　責任部門負責改善提案實施工作。

第 14 條　　改善小組應全力支持、配合、督導提案的實施。

第 15 條　　提案人應盡力協助提案實施過程的指導、修正和其他工作。

第 8 章　　提案獎勵辦法

第 16 條　　提案獎勵辦法見下表。

提案獎勵辦法

獎勵類別	獎勵標準
提案獎勵	1.凡提案被評審為不採用者，累積一件，發獎金＿＿＿元 2.凡提案被審為保留者，累積一件，發獎金＿＿＿元 3.凡提案被審為採用者，發給獎金＿＿＿～＿＿＿元 4.被採用之提案經年度評審，獲優秀提案獎者 (1)第一名，獎勵＿＿＿元 (2)第二名，獎勵＿＿＿元 (3)第三名，獎勵＿＿＿元
成果獎勵	提案被採用並實施後，依改善成果或提案實施產生的經濟效益，給予提案人員或提案部門＿＿＿～＿＿＿元的獎勵
優秀團體獎勵	年度提案評比前三名單位，為優秀提案團體，給予部門＿＿＿～＿＿＿元的獎勵

第 9 章　　提案管理

第 17 條　　任何部門及個人無正當理由，不得阻止有關人員進行

提案申請。

第 18 條　對於弄虛作假、騙取榮譽或獎金者，審核委員會有權撤銷其榮譽並追回其所得的獎金，情節嚴重者，予以辭退或採取其他處理措施。

第 10 章　權責單位

第 19 條　公司人事行政部負責本規章制度修改、廢止的起草工作。

第 20 條　總經理負責本規章制度修改、廢止的核准。

心得欄

_____

_____

_____

_____

_____

_____

第 **7** 章

生 產 設 備 管 理

第一節　生產設備管理崗位職責

一、生產設備主管崗位職責

　　生產設備主管的職責是，在生產部經理的領導下，制定生產設備維修保養、更新報廢等制度並監督實施，擬訂生產設備更新改造、大修的中長期規劃，進行生產設備的日常保養、維護管理等，以保證企業生產的正常進行，避免事故發生，提高設備管理水準和企業的經濟效益。具體職責如下。

1. 結合企業實際，制定符合企業特點的設備管理、設備考核制度並貫徹執行，同時根據企業發展的實際要求不斷對其進行修改和完善

2. 組織擬定設備更新改造、大修、擴容等的中長期規劃，審查設

備更新、大修、擴容計劃並協調實施

3. 組織制訂提高生產設備管理水準的規劃和措施，編寫、審核有關技術規程、技術標準

4. 瞭解、掌握企業設備運轉狀況，熟悉現場生產裝置和設備及生產全過程的變化情況，分析各種設備運行的經濟性能，做好設備更新改造工作

5. 制定設備的維修保養制度，監督檢查設備維修維護情況，發現管理漏洞，及時查漏補缺

6. 領導下屬參與各項設備管理工作，制定部門工作計劃並落實；協調與設備有關聯的各部門間的關係，完成設備管理目標

7. 計劃、組織、實施大修、技改、擴容等各項工作，包括方案的制定審核、費用預算與控制、組織驗收等

8. 配合生產統籌安排技術停車，組織編制大修停車檢修計劃並付諸實施，檢查和監督檢修進度及品質，組織驗收交接

9. 協調安排、組織事故搶修工作，儘快組織生產的恢復，減少事故損失；調查事故原因，參與或組織事故分析會，加強事故教育

10. 綜合歷年經驗和下一年度生產需要，提出下一年度的各項設備管理目標，並監督、檢查目標的落實情況

11. 負責擬訂設備維修、技改、大修等費用的付款計劃，交本部門經理審核，按財務程序進行付款

12. 完成上級交辦的其他工作事項

二、生產設備專員崗位職責

生產設備專員的職責是，在生產設備主管的領導下，貫徹執行企業生產設備管理的名項制度，負責設備的日常檢查、維修、保養等工作，保證設備的正常運行，防止事故的發生，實現設備壽命週期費用最經濟、設備綜合效率最高的目標。其具體職責如下。

1. 協助生產設備主管制定設備管理的各項制度，為制度的科學性提供數據支援

2. 認真貫徹執行企業的各項設備管理制度，保證生產設備的正常運行

3. 收集國內外相關生產設備資料資訊並存檔，為設備引進、改造提供決策依據

4. 負責企業所有設備的檔案資料整理及保管工作，建立設備台賬

5. 負責設備運行的日常檢查，發現問題及時處理，防患於未然

6. 負責設備維護的檢查，協調處理維修工作，主持推動各類維修任務的實現

7. 組織生產事故的搶修，儘快恢復生產，儘量減少損失

8. 協助制定設備大修、技改、擴容等項工作方案，並組織實施

9. 按照各類設備的情況，按時組織設備的保養工作

10. 完成生產設備主管及其他上級交辦的工作事項

第二節 生產設備管理流程

一、生產設備管理流程圖

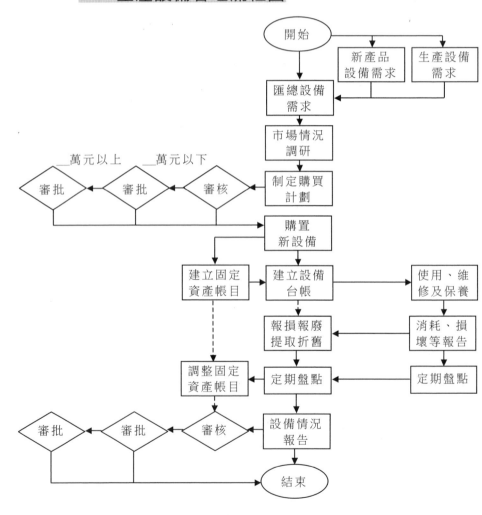

二、設備購置管理流程圖

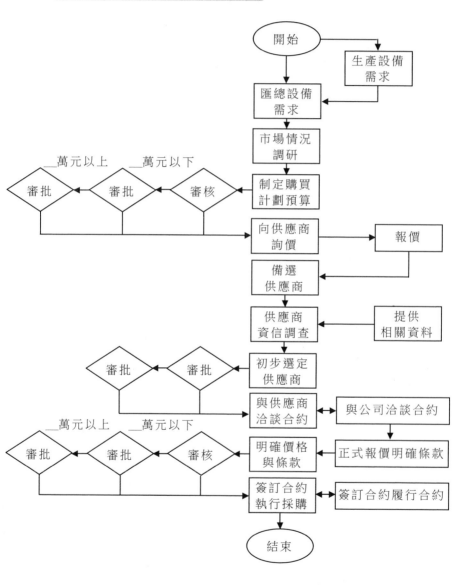

三、設備配置管理流程圖

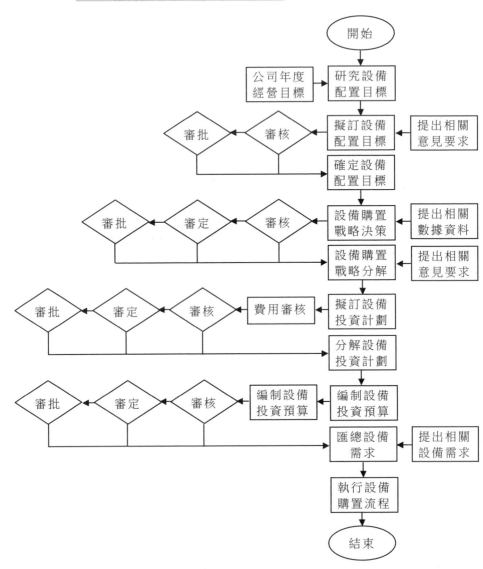

四、設備使用管理流程圖

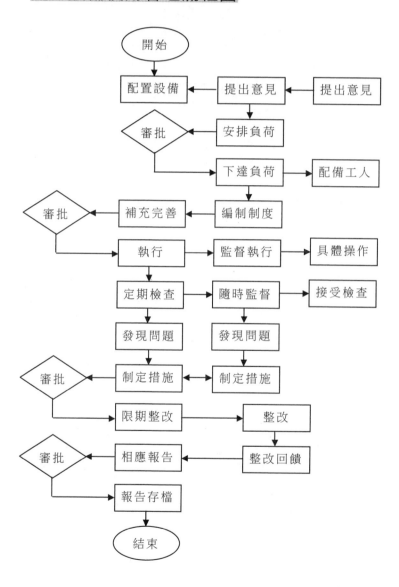

五、設備維護管理流程圖

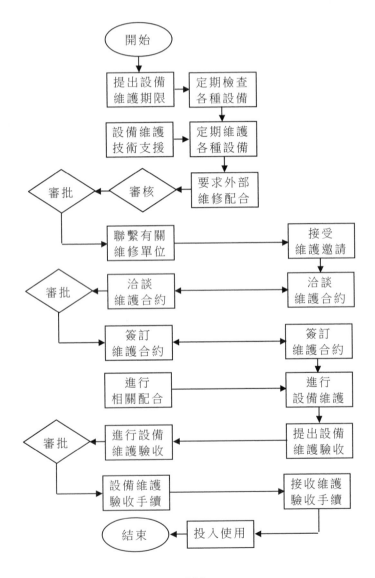

六、設備維修管理流程圖

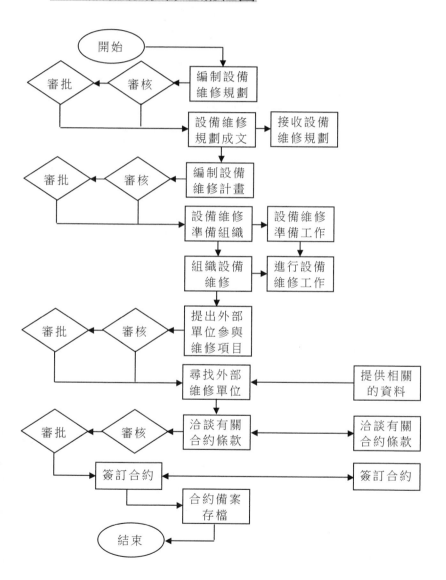

七、設備報廢處理管理流程圖

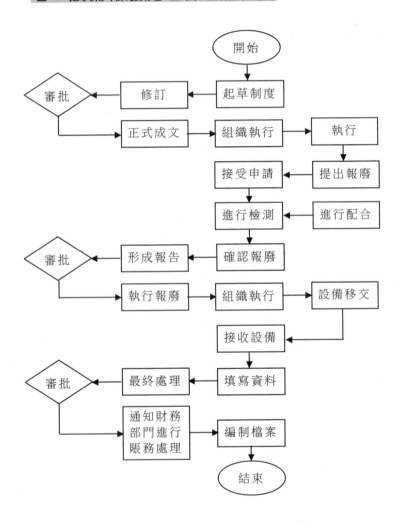

八、設備評估管理流程圖

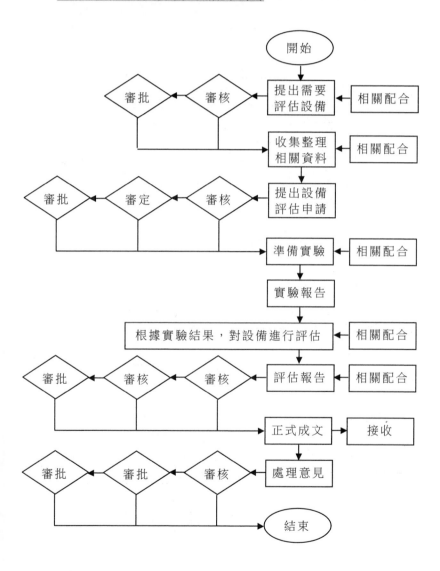

九、新設備使用培訓管理流程圖

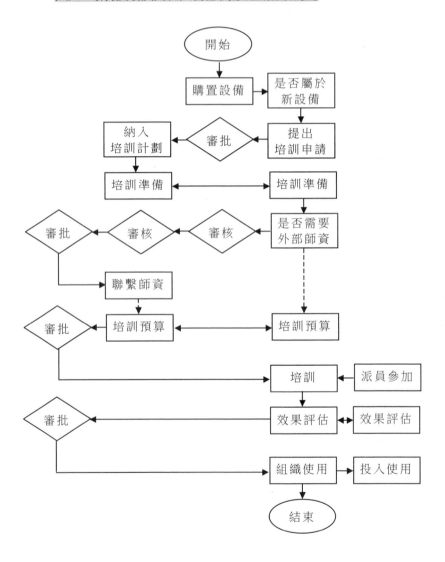

十、設備更新管理流程圖

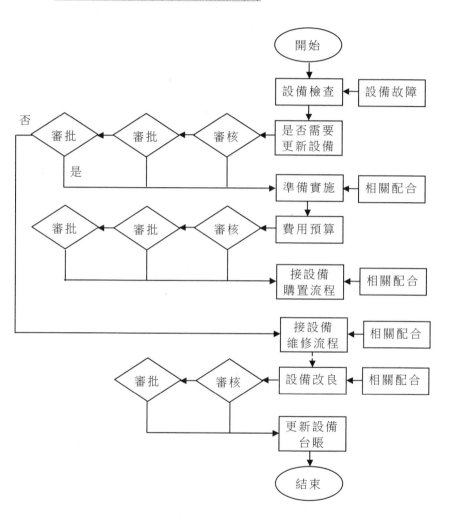

第三節　生產設備管理制度

一、設備綜合管理制度

第1章　總則

第1條　目的。

機器設備和工具是進行生產的物質條件,其數量和性能決定著企業的生產面貌。為保證生產的正常進行,提高效率,降低產品成本,進而提高企業的經濟效益,特制定生產設備綜合管理制度。

第2條　範圍。

本制度涵蓋生產設備管理工作的各項內容,包括設備進廠驗收、安裝、使用、維護保養、檢查修理、改造更新,以及日常的登記、保管、調撥、報廢等。任務是要保證設備在物質運動的全過程中,自始至終保持良好的技術狀態。

設備管理部門應遵照本制度的相關規定,做好設備的使用、保養、檢修、報廢等項工作,正確處理好生產與維修的關係。

第3條　原則。

為了保證有效地實現設備管理目標,必須堅持以預防為主、維護保養與計劃檢修並重、先維修後生產的原則,正確使用,精心保養,安全生產。

第2章　設備引進、安裝管理

第4條　本企業各部門需增置設備,應提前由部門經理提出申請及購買方案,經生產總監、總裁批准後購買,並報設備管理部門備案。

第 5 條　設備管理部門進行可行性方面的技術諮詢後，方可確定增置設備。

第 6 條　設備項目確定或設備購進後，設備管理部門負責組織施工安裝，並負責安裝的品質。

第 7 條　為保證設備安全、合理地使用，各部門應設一名兼職設備管理員，協助設備管理人員對設備進行管理，指導本部門設備使用者按照操作規程正確使用。

第 8 條　施工安裝完畢，由設備管理部門及使用部門負責人驗收合格後填寫「設備驗收登記單」。

第 9 條　對新置設備的隨機配件要按圖紙進行驗收，未經驗收者不得入庫。

第 3 章　設備使用管理

第 10 條　設備使用前，操作人員應在人事部門的安排下接受培訓，由設備管理科安排技術人員現場操作講解。

第 11 條　使用人員達到會操作，清楚日常保養知識和安全操作知識，熟悉設備性能的程度，生產部簽發設備操作證，持證上崗操作。

第 12 條　機器開動和停車時，必須事先口頭通知本工區所有人員，停車後不准亂開馬達，在生產過程中，發現機器有異常現象，應立即停車，並通知有關人員檢修。

第 13 條　機器設備發生故障應報告班組長及有關負責人員，及時解決處理。

第 14 條　所有動力設備，不經工廠、設備科、電工或機修工人允許，不准亂修、亂拆，不准在電氣設備上搭濕物和放置金屬類、棉紗類物品。

第 15 條　使用人員要嚴格按操作規程工作，認真遵守交接班制

度，準確填寫規定的各項運行記錄。

第 16 條　不經領導批准，不准拆卸或配用其他人員的機器零件和工具。

第 17 條　對不遵守操作規程或怠忽職守，使工具、機器設備、原材料、產品受到損失者，應酌情給予經濟處罰和行政處分。

第 4 章　設備運行管理

第 18 條　設備運行動態管理，是為了使各級維護與管理人員能準確掌握設備運行狀況，並相應制定措施。

第 19 條　建立健全系統的設備巡檢制度、措施，明確檢查週期，設置檢查點和巡查專員，定期巡檢。

第 20 條　巡檢人員在進行檢查時應做好記錄，並按時傳遞給設備管理人員，對於巡檢中發現的問題，維修人員應立即採取措施，進行緊急處理，自己不能處理的，應立即上報相關領導解決問題。

第 21 條　設備管理人員應對設備的薄弱環節進行觀察、統計、立項，並制定解決方案。組織執行。

第 5 章　設備維修保養管理

第 22 條　為保證設備的正常運行，企業實行設備使用定期檢查、定期保養和修理制度。

第 23 條　生產部門人員應每日對設備進行檢查並做好當班記錄，發現問題及時上報，以便及時採取措施，避免造成損失。

第 24 條　生產部門人員要根據設備的使用情況定期進行保養，主管人員要做好設備保養計劃及記錄。

第 25 條　設備發生故障，當班人員要及時填寫「維修申請單」，經部門主管簽字交設備管理科，設備管理專員應及時處理，安排人員

修理。

第 26 條 設備管理人員應隨時掌握設備運行的全面資料，制定設備大修的中長期計劃，防患於未然。

第 27 條 企業自身不能維修的故障，設備管理部門應根據實際情況，提出要求外部維修單位協助修理的申請，並按照企業審批制度進行。

第 6 章 設備改造、報廢管理

第 28 條 設備使用應以「節約成本、有效保護、經濟使用」為原則，儘量延長其使用壽命。相關人員應在實際的工作中不斷改進技術，提高設備的使用效率。

第 29 條 對於能通過改造繼續發揮作用的機器設備，設備管理專員應會同使用部門的技術人員一起商討改進方案，報上級審批後實行。

第 30 條 對於設備陳舊老化不適應工作需要或不再具有使用價值，使用部門申請報廢，由設備管理人員進行技術鑑定與諮詢。

第 31 條 設備管理部門應指派專人對設備使用年限、損壞情況、影響工作情況及殘值情況等進行鑑定與評估，填寫意見書交使用部門。使用部門撰寫、上報「報廢、報損申請書」，並按相關程序審批。

第 32 條 申請批准後，使用部門實施設備報損、報廢，設備管理部門根據相關規定處理廢損設備，並建立記錄歸檔。

二、生產設備維護管理制度

第 1 章　目的

第 1 條　為了規範生產設備維護工作流程，明確各相關部門職責，保證企業生產設備的正常運行，最大化發揮生產設備效能，特制定本制度。

第 2 章　適用範圍

第 2 條　本制度對企業生產設備的保養、維修、事故處理等進行了相應工作標準、流程的設定，適用於企業廠區內所有設備。

第 3 章　職責

第 3 條　設備維護主要由生產部設備管理科歸口負責，各設備使用部門配合。具體職責如下表所示。

設備維護職責

部門	主要職責
設備管理科	設備操作指導、定期檢修、事故處理與原因分析及相關制度的制定、組織實施
生產部經理	對各項設備維護制度審批並監督實施
各生產部門（設備使用部門）	按照本制度規定，正確操作設備，與設備管理部配合，進行設備維護的各項工作，安排好生產與維修的關係

第 4 章　設備使用管理

第 4 條　設備管理人員應建立科學的設備使用管理制度，掌握設備的運行情況，依據設備運行的狀況制定相應措施。

第 5 條　使用設備實行上崗培訓制度。設備管理人員應協同相關部門做好設備操作的培訓及技術指導，讓生產操作崗位人員熟悉設備運行原理、操作程序及各種使用參數等。

第 6 條　兩班或三班連續運轉的設備，生產崗位人員交接班時必須對設備運行狀況進行交接，內容包括設備運轉的異常情況、原有缺陷變化、運行參數的變化、故障及處理情況等。

第 7 條　設備使用中的安全注意事項。非本崗位操作人員未經批准不得操作本機，任何人不得隨意拆掉或放寬安全保護裝置等。

第 8 條　建立健全設備巡檢制度與措施。

各作業部門要對每台設備，依據其結構和運行方式，定出檢查的部位(巡檢點)、內容(檢查什麼)、正常運行的參數標準(允許的值)，並針對設備的具體運行特點，為設備的每一個巡檢點確定明確的檢查週期，一般可分為時、班、日、週、旬、月檢查點。

第 9 條　建立健全巡檢保證體系。

生產崗位操作人員負責對本崗位使用設備的所有巡檢點進行檢查，專業維修人員要承包重點設備的巡檢任務。各作業部門都要根據設備的多少和複雜程度，確定設置專職巡檢員的人數和人選，專職巡檢員除負責承包重要的巡檢點之外，要全面掌握設備運行動態。

第 10 條　資訊傳遞與回饋。

(1)生產崗位操作人員巡檢時，發現設備不能繼續運轉需緊急處理等問題，要立即通知當班調度，由值班負責人組織處理。對一般隱患或缺陷，檢查後登入檢查表，並按時傳遞給專職巡檢工。

(2)專職維修人員進行的設備點檢，要做好記錄，除安排本組處理外，要將資訊向專職巡檢人員傳遞，以便統一匯總。

(3)專職巡檢人員除完成承包的巡檢點任務外，還要將各方面巡檢結果按日整理，列出當日重點問題並向有關部門反映。

(4)有關部門列出主要問題，除登記台賬之外，還應及時輸入電腦，便於上級企業有關部門的綜合管理。

第 11 條　動態資料的應用。

(1)巡檢人員針對巡檢中發現的設備缺陷、隱患，提出應安排檢修的項目，納入檢修計劃。

(2)對巡檢中發現的設備缺陷，如情況緊急，可由修理班組立即處理，如果不能及時處理，應由多作業部門立即確定解決方案，並著手解決。

(3)重要設備的重大缺陷，各作業部門主要領導組織研究，確定控制方案和處理方案。

第 12 條　薄弱環節的立項與處理，如下表所示。

薄弱環節立項處理表

設備薄弱環節立項	薄弱環節處理
· 運行中經常發生故障停機而反覆處理無效的部位 · 運行中影響產品質量和產量的設備、部位 · 運行達不到小修週期要求，經常要進行計劃外檢修的部位(或設備) · 存在安全隱患，且日常維護和簡單修理無法解決的部位或設備	· 有關部門要依據動態資料列出設備薄弱環節，按時組織審理，確定當前應解決項目並提出改進方案 · 各作業部門要組織有關人員對改進方案進行審議，審定後列入檢修計劃 · 設備薄弱環節改進實施後，要進行效果考察，作出評價意見，經有關領導審閱後，存入設備檔案

第 5 章　設備保養管理

第 13 條　設備管理人員編制設備檢查保養半年計劃，填制「半年設備檢修計劃表」，報部門經理審核批復。

第 14 條　生產部經理審核計劃，呈報生產總監審批後，設備管

理人員執行「設備半年檢修保養計劃」。

　　第 15 條　設備管理人員編制「檢修保養單」、「月設備檢修保養計劃表」，並按月計劃表的內容，逐項填寫「保養申請單」，檢修保養時需某部位停電、水、氣時，還要填寫「停電通知單」。

　　第 16 條　值班人員填寫的「月設備檢修保養計劃表」、「保養申請單」、「停電通知單」一併上報生產部經理。生產部經理與生產總監和各部門溝通後，簽署意見，下達執行。

　　第 17 條　值班人員根據批准的月檢修保養計劃，簽發「設備級保養任務單」，填寫任務單中「內容及要求」欄目，安排具體人員負責實施。

　　第 18 條　在「檢修保養工作記錄簿」中登記派工項目及時間。

　　第 19 條　設備保養的內容。

　　設備維護保養的內容是保持設備清潔、整齊、潤滑良好、安全運行，包括及時緊固鬆動的緊固件，調整活動部份的間隙等。維護保養依工作量大小和難易程度分為日常保養、一級保養、二級保養、三級保養等，如下表所示。

設備保養表

名稱	主要內容
日常保養	進行清潔、潤滑、緊固易鬆動的零件，檢查零件、部件的完整。這類保養的項目和部位較少，大多數在設備的外部，日常保養一般由操作工人承擔
一級保養	普遍地進行撐緊、清潔、潤滑、緊固，還要部份地進行調整。一級保養一般由操作工人承擔
二級保養	內部清潔、潤滑、局部解體檢查和調整，二級保養一般在操作工人參加下，由專職保養維修工人承擔
三級保養	對設備主體部份進行解體檢查和調整工作，必要時對達到規定磨損限度的零件加以更換，此外，還要對主要零件的磨損情況進行測量、鑑定和記錄。三級保養一般在操作工人參加下，由專職保養維修工人承擔

第 6 章　設備維修管理

第 20 條　企業的各項設備實行定期修理制度。各生產部門應處理好修理與生產的關係，做好工作安排。

第 21 條　設備修理的內容、類型。

設備修理是指修復由於正常或不正常的原因造成的設備損壞和精度劣化，使設備性能得到恢復。根據修理範圍大小、修理間隔期長短、修理費用多少，設備修理可分為小修理、中修理和大修理三類，具體修理內容如下表所示。

設備修理分類表

類型	主要內容
小修理	通常只需修復、更換部份磨損較快和使用期限等於或小於修理間隔期的零件，調整設備的局部結構
中修理	對設備進行部份解體、修理或更換部份主要零件與基準件，或修理使用期限等於或小於修理間隔期的零件；同時要檢查整個機械系統，緊固所有機件，消除擴大的間隙，校正設備的基準，以保證機器設備能恢復和達到應有的標準和技術要求
大修理	通過更換，修復其主要零件，恢復設備原有精度、性能和生產效率而進行的全面修理

第 22 條　設備修理程序。

(1)設備發生故障，使用部門須填寫「維修申請單」，經部門主管簽字後交設備管理科。

(2)設備管理科接到通知，隨即在「日常維修工作記錄簿」上登記接單時間，根據事故的輕重緩急及時安排有關人員處理，並在記錄簿中登記派工時間。

(3)維修工作完畢，主修人應在「維修記錄單」中填寫有關內容，使用部門主管人員在此單上驗收簽字後，將通知單交回本部門。

(4)設備管理部門在記錄簿中登記維修完工時間，及時將維修內容登入設備卡片，並審核維修中記載的用料數量，計算出用料金額，填入單內。

(5)將處理完畢的「維修記錄單」依次貼在登記簿的扉頁上。

(6)緊急的設備維修，使用部門的主管用電話通知設備管理部門，由值班人員先派人員維修，同時使用部門補交「維修申請單」，值班人員補寫各項記錄，其他程序均同上。

(7)維修部門接單後兩日內不能修復的，由值班主管在登記簿上註明原因，並採取特別措施。儘快修復。

第 7 章　設備故障處理

第 23 條　設備發生故障，崗位操作和維護人員能排除的應立即排除，並在當班記錄中詳細記錄。

第 24 條　崗位操作人員無力排除的設備故障要詳細記錄並逐級上報，同時精心操作，加強觀察。

第 25 條　未能及時排除的設備故障，必須在每天生產調度會上研究決定如何處理。

第 26 條　在安排處理每項故障前，必須有相應的措施，明確專人負責，防止故障擴大影響。

三、設備轉讓和報廢管理制度

第 1 條　為了規範生產設備的更換、更新、報廢工作，保證企業生產的正常運行，提高生產效率和技術，特制定本制度。

第 2 條　本制度對企業生產設備的轉讓、報廢處理工作標準和流程進行了設定，適用於企業廠區內所有設備。

第 3 條　設備轉讓、報廢主要由生產部設備管理科歸口負責，各設備使用部門配合。具體職責如下表所示。

各部門職責表

部門	主要職責
設備管理科	設備轉讓、報廢的可行性分析、技術鑑定與諮詢
生產部經理 生產總監	對設備轉讓、報廢申請進行審核、批准並監督實施
各生產部門 （設備使用部門）	按照本制度規定和企業審批制度，與設備管理科配合進行設備轉讓、報廢工作

第 4 條　設備使用評價指標。

　　設備的使用評價指對設備使用情況及使用費的評價。評價設備在整個生命週期內的使用情況，以及為了保證設備正常運作而定期支付的費用，包括能源消耗費、維修費以及固定資產稅、保險費、操作人員的工資，主要是評價設備的使用情況及維修費用。具體如下表所示。

心得欄

設備使用評價指標表

評價項目	主要指標的計算公式	內容
使用情況	設備完好率＝主要設備的完好台數÷全部主要設備的台數×100%	設備完好率是指企業中技術性能完好（包括一級和二級）設備台數佔全部設備的百分比。企業在實際使用中，可以只計算比較重要的設備（一般多以複雜係數不小於 5 為界限）
	設備故障率＝故障停機時間÷設備開動時間×100%	設備故障率是指在一段時間內（一年或半年），設備的故障停機時間與同期內實際開動時間的百分比
維修費用	單位產品維修費用＝維修費用總額÷產品總產量	單位產品維修費用反映單位產品維修工作與維修成果的關係
	萬元產值維修費用率＝維修費用總額÷總產值（以萬元計）	萬元產值維修費用可更直接地反映企業維修的效果和擴大可比性
	維修費用率＝全部維修費用÷總生產費用×100%	維修費用率指同期內企業的全部維修費用佔總生產費用的百分比，是反映維修效率的一個指標

第 5 條　設備使用評價由設備管理部門根據設備實際運行過程中發生的各項數據進行統計、計算，並作為設備轉讓與報廢的處理依據。

第 6 條　當設備陳舊、老化，原有設備已經不適宜新的生產技術及提高生產效率的要求，或者發生企業轉產等情況，但設備仍存在使用價值時，設備管理部門應本著「減少損失」的原則，將設備進行轉

讓處理。

第 7 條　設備轉讓時，設備管理部門應根據實際情況，進行設備的評估、技術鑑定與諮詢，確定其價值，估算其價格。

第 8 條　設備管理部門對其使用情況、維修費用的各項指標進行評估後，撰寫《設備評估報告》，同時將轉讓舊設備所獲得價值及更換新設備的價值、貨源等情況連同《設備轉讓申請單》一併上報生產部經理、生產總監審批。

第 9 條　獲得審批後，設備管理人員按照轉讓方案執行，與相關單位聯繫轉讓事宜。

第 10 條　設備年久陳舊不適用工作需要或者無使用價值，使用部門申請報損、報廢之前，設備管理人員要進行技術鑑定與諮詢。

第 11 條　生產部指派專人對設備使用年限、損壞情況、影響工作情況、殘值情況、更換新設備的價值及貨源情況等進行鑑定與評估，填寫意見書交設備使用部門。

第 12 條　設備使用部門將「報廢、報損申請單」附意見書一併上報，按程序審批。

第 13 條　申請批准後，交付採購部辦理，新設備到位後，舊設備報損、報廢。

第 14 條　報廢、報損舊設備由設備管理部門按有關規定處置。

第四節　設備管理方案

一、設備購買方案

一、目的

　　為了保證設備購買的順利進行，使設備購買、引進工作正常化、規範化，特制定本方案，供相關部門人員參照執行。設備引進是一項重要、嚴肅的工作，各級人員必須高度重視，以嚴肅的態度進行此項工作。

二、原則

　　1.引進設備必須遵循上級主管單位及企業的有關規定。

　　2.秉公辦事，維護企業的利益。

　　3.綜合考慮「品質、價格、交貨期、售後服務」四個方面，擇優選取。

　　4.引進工作必須根據企業制定的發展規劃和技術發展趨勢，結合企業實際，有計劃地進行，安排好新、舊設備交接過程中的生產工作。

三、範圍

　　本方案主要適用於引進較大的設備項目，其他小項目的引進購置可參照本方案執行。

四、各部門職責

　　1.設備引進工作在總經理的統一領導下進行；由生產總監主持項目的招標和談判工作並設立設備引進小組；由生產總監任組長，生產部、物資部、採購部、財務部派代表參加。

　　2.生產部是引進工作的職能部門，其職責是根據生產發展的需

要，提出各專業引進項目，報總經理批准立項後，由引進小組搞好引進項目的技術談判和招投標商務談判。

3.不同專業的設備引進項目，可根據實際需要，臨時吸收相關部門的有關技術人員參與項目的招標和談判。

五、設備購買程序

設備購買程序圖

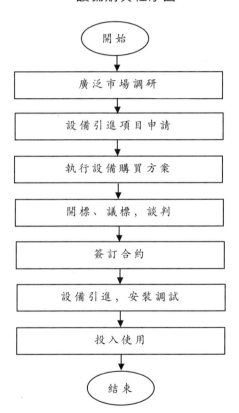

1. 市場調研：生產部設備管理人員收集所需要設備的各方面資料、數據，匯總分析，並結合企業生產的實際需要撰寫設備引進方案。

2. 設備引進項目申請：生產部將引進設備方案連同設備引進申請

單一並上報生產部經理，然後交由設備引進小組審定，報總經理審批。

3. 執行購買方案：總經理批准後，由設備引進小組組織生產部及有關技術人員，進行項目的招標和談判。需要招標或詢價的項目，必須通過討論確定招標、詢價的對象。生產部制定和發放招標書，並妥善保管供應商的投標資料。

4. 設備引進小組組織項目的開標和議標，並確定談判對象及有關事項。與供應商約定談判時間、地點後，設備引進小組安排人員參加談判。參與談判的引進小組成員不應少於總人數的 3/4，同時要指定專人記錄，記錄資料必須妥善保存。

5. 簽訂合約：雙方就設備購買的各項條款達成一致意見後，生產部負責編制合約書，上報總經理批准後與供應商簽訂合約，供應商根據合約要求按時供貨。

6. 設備進廠後及時安裝調試，如果有問題與供應商協商解決。

7. 投入使用：設備調試無問題後即正式投入使用，同時生產部應協同其他部門做好生產操作崗位工人的培訓工作。

六、相關紀律規定

1. 設備引進的招標、詢價和談判，必須嚴格按照有關規定和程序進行。

2. 設備引進工作人員必須嚴格遵守企業的有關情報和機密。任何人不得單獨與供應商接觸並談及引進項目的實質性問題，更不能向對方洩露企業擬定的標底和談判策略，任何人不得將我方的重要資訊以任何方式告知對方。

3. 在引進工作過程中，除正當的業務或禮節需要接受少量價值不高的紀念品外，不准單獨接受超額饋贈禮品，確實難以拒絕的應交企業處理。

對於違反上述規定者，視情節輕重，給予相應的紀律處分；觸犯

刑律的，交司法機關追究其刑事責任。

二、生產設備報廢方案

一、目的

為了規範生產設備報廢工作，保證生產的正常進行，減少損失，特制定本方案，供相關部門人員參照執行。

二、範圍

本方案規定的生產設備報廢工作的程序、標準，適用於本企業所有生產設備的報廢處理。

三、原則

安排好新、舊設備交接過程中的生產工作，將企業的損失降到最低。

四、設備報廢工作流程

1. 提出設備報廢需求

設備使用部門根據設備的實際運轉、維修情況等，結合企業的生產技術、技術要求等因素，提出設備報廢需求，上報生產部經理。

2. 使用情況評估、技術鑑定

生產總監安排設備管理人員進入現場，對設備使用年限、損壞情況、影響工作情況、殘值情況、更換新設備的價值及貨源情況等進行鑑定與評估，填寫意見書交與設備使用部門。

3. 設備報廢申請

設備使用部門填寫「報廢、報損申請單」，連同設備管理人員提供的「設備評估意見書」上報生產部經理審核，生產總監審批。若是大型重要設備需上報廠長審批。

4.設備報廢處理

申請得到批准後，設備管理部門與採購部一起進行新設備的引進工作。新設備到位後安裝調試，試運行沒有問題，再進行舊設備的報廢處理。此間生產部注意合理安排生產工作，保證生產計劃的完成。

5.資料登記、存檔及賬務處理

設備管理人員應將設備報廢情況資料匯總後存檔。財務部對有關數據進行調整、記賬。

設備報廢工作流程

```
        ┌─────────┐
        │   開始   │
        └─────────┘
             │
    ┌──────────────────┐
    │  設備報廢需求提出  │
    └──────────────────┘
             │
    ┌──────────────────┐
    │ 使用情況評估、技術鑒定 │
    └──────────────────┘
             │
    ┌──────────────────┐
    │    設備報廢申請    │
    └──────────────────┘
             │
    ┌──────────────────────┐
    │ 新設備到位，舊設備報廢處理 │
    └──────────────────────┘
             │
    ┌──────────────────────┐
    │ 資料登記、存檔及賬務處理 │
    └──────────────────────┘
             │
        ┌─────────┐
        │   結束   │
        └─────────┘
```

第 **8** 章

採 購 管 理

第一節　採購作業管理規定

一、採購部業務工作規定

第一條　負責根據生産需要進行採購計劃的編寫。

第二條　負責完成企業所需的生産物料及能源採購，新增設備的採購任務。

第三條　負責制定進料檢驗標準，並貫徹執行之。

第四條　負責進料質量異常的妥善處理。

第五條　負責對原料供應商、協作廠商交貨質量實績的整理與評價。

第六條　負責對原料規格提出改善意見或建議。

第七條　負責檢驗儀器、量規的管理與校正。

第八條　負責進料庫存品的抽驗及鑒定報廢品。

第九條　負責將資料反饋到有關部門。

第十條　負責辦理上級所交辦的其他事項。

二、採購管理程序細則

第一條　請購時機

應業務、廠房設施或生產需要可填制請購單，但請購人應就本規範所列適用範圍，先行慎重考量該請購案是否屬真正需要及必要之購置，是否可租用或與其他人共用狀況，以決定是否請購。如最後決定仍為必要請購，則請先研判存量狀況、交貨期及其他應考慮事宜，將請購要件詳細輸入電腦，並列印請購單提出申請，再依請購程序送請授權批准人核准。

第二條　請購單

採購部門憑採購單執行採購作業及財務部門以此稽核，並由採購部歸檔。

第三條　請購要件

1. 請購人及收貨人的姓名、電話。

2. 品名、料號、請購數量及計量單位。

3. 用途、規格、材質、圖樣或說明等詳細資料。廠房設施工程則需要提供建築設施工程規範、施工說明、工程進度需求、材料明細表或圖樣等資料。

4. 品質驗收標準、條件及備用零件、工具、保固、售後服務及維護合約需求等資料。

5. 預估單價、總預算金額及幣別。

6. 需求日期(分批需求者請註明數量)。

7. 驗收單位、運輸方式、特殊運輸車輛或工具等需求。

8. 會計科目及成本中心代號：依會計科目及請購類別對照表選擇適當的會計科目代號及成本中心代號後列印。若請購項目屬固定資產類，需註明該項資產之預算代號於請購單上。

9. 其他應注意事項或指示。

第四條　請購程序

請購程序另詳流程圖

第五條　請購核決許可權及授權批准人

請購核決許可權：部門主管得視情況核准，若不核准則退回請購人重新覆核，若核准則逕轉財務部。

授權批准人：財務部簽核後，依授權許可權逕轉授權批准人核准。

第六條　預算核准

各成本中心負責人應就擬請購的項目審核預算，並對該預算的管制負責。但計劃性固定資產項目則統由財務部負責審核及控制。

第七條　緊急請購

因突發狀況致需緊急請購時，請購人應在緊急請購欄中註明，並立即將請購單送交財務部審核及面呈授權批准人核示後，盡速交與採購部處理。或者在請購單尚未開出之前，先填寫臨時單據交與採購部請廠商交貨或先行配合之後再依正常的程序作業。

第八條　財務部審核要點

1. 財務處先審核是否為「固定資產」？是否有「預算」？，如為預算內則在請購單上預算審核內劃「√」並簽字，若無預算，則退回原請購部門主管再覆核。（經特別核准者需書面說明）。

2. 審核非固定資產及預算內之固定資產之會計科目及分類的正確性。

第九條　採購部審核要點

依授權許可權上所核准的額度及手續是否完備，若已完備則轉入採購作業，若尚未完備即退回原請購人補齊相關資料，再轉採購部。

第十條　及時請購

請購部門應考慮交貨期、存量狀況、已訂購未交貨數量、實際需求數量及需求日期及時開具請購單，以免影響生產進度。

**第十一條　**請購單位、採購部以及財務部應對所有採購的庫存進行存貨管理。採購部應按月作業存貨項目、數量、及存倉時間報告表；會同財務部做出存貨品質及管理評估，並會同相關應用單位提出不良存貨器質及管理的改進事項，付諸實施。

三、標準採購作業細則

第一條　請購部門的劃分

各項材料的請購部門如下：

1. 常備材料：生產管理部門

2. 預備材料：物料管理部門

3. 非常備材料：

(1)訂貨生產用料：生產管理部門

(2)其他用料：使用部門或物料管理部門

第二條　請購單的開立、遞送

1. 請購部門的經辦人員應依存量管理基準、用料預算，參酌庫存情況開立請購單，並註明材料的品名、規格、數量、需求日期及注意事項，經主管審核後依請購核決許可權呈核並編號(由各部門依事業部別編訂)，「請購單(內購)(外購)」附「請購案件寄送清單」送採購部門。

2. 如所購物件是特定的供應商所生產，請購部門應以請購單附表，一單多品方式，提出請購。

3. 緊急請購時，由請購部門於「請購單」「說明欄」註明原因，並加蓋「緊急採購」章，以急件卷宗遞送。

4. 材料檢驗須待試車方能實施者，請購部門應於「請購單」上註明「試車檢驗」及「預定試車期限」。

5. 日常辦公用品由物料管理部門按月依耗用狀況，並考慮庫存情況，填制「請購單」提出請購。

第三條　免開請購單部份

1. 下列總務性物品免開請購單，並可以「總務用品申請單」委託總務部門辦理，但其核決許可權另訂，其列舉如下：

(1)賀奠用物品：花圈、花籃、禮物等。

(2)招待用品：飲料、香煙等。

(3)書報(含技術性書籍及定期刊物)、名片、文具等。

(4)打字、謄印、報表等。

2. 零星採購及小額零星採購材料項目。

第四條　請購核決許可權

1. 內購

(1)原物料：

①請購金額預估在 1 萬元以下者，由主管核決。

②請購金額預估在 1 萬元至 5 萬元者，由經理核決。

③請購金額預估在 5 萬元以上者，由總經理核決。

(2)財產支出：

①請購金額預估在 2000 元以下者，由主管核決。

②請購金額預估在 2000 元至 2 萬元者，由經理核決。

③請購金額預估在 2 萬元以上者，由總經理核決。

(3)總務性用品：

①請購金額預估在 1000 元以下者，由主管核決。

②請購金額預估在 1000 元至 1 萬元者，由經理核決。

③請購金額預估在 1 萬元以上者，由總經理核決。

2.外購

(1)請購金額預估在 10 萬(含)元以下者，由經理核決。

(2)請購金額預估在 10 萬元以上者，由總經理核決。

第五條　請購案件的撤銷

1.請購案件的撤銷應由原請購部門立即通知採購部門停止採購，同時在已填制「請購單」第一、二聯加蓋紅色「撤銷」的戳記及註明撤銷原因。

2.採購部門辦妥撤銷後，依下列規定辦理：

(1)採購部門於原請購單加蓋「撤銷」章後，送回原請購部門。

(2)原「請購單」已送物料管理部門待辦收料時，採購部門應通知撤銷，並由物料管理部門據以將原請購單退回原請購部門。

(3)原請購單已無法撤銷時，採購部門應通知原請購部門。

第六條　採購部門的劃分

1.內購：由國內採購部門負責辦理。

2.外購：由採購部國外項目組負責辦理，其進口庶務由業務部門辦理。

3.總經理或經理對於重要材料的採購，可直接與供應商或代理商議價。專案用料，必要時由經理或總經理指派專人或指定部門協助辦理採購作業。

第七條　採購作業方式

除一般採購作業方式外，採購部門可依材料使用及採購特性，選擇下列一種最有利的方式進行採購：

1. 集中計劃採購：凡具有共同性的材料，須以集中計劃辦理採購較爲有利者，可核定材料項目，通知各請購部門依計劃提出請購，採購部門定期集中辦理採購。

2. 長期報價採購：凡經常性使用，且使用量較大宗的材料，採購部門應事先選定廠商，議定長期供應價格，呈准後通知各請購部門依需要提出請購。

第八條　採購作業處理期限

採購部門應依採購地區、材料特性及市場供需，分類制定材料採購作業處理期限，通知各有關部門以便參考，遇有變更時，應立即修正。

第九條　詢價、比價、議價

1. 採購經辦人員接獲「請購單（內購）」後，應依請購案件的緩急，並參考市場行情及過去採購記錄或廠商提供的資料，需精選三家以上的供應商辦理比價或經分析後議價。

2. 若廠商提供的規格與請購材料規格略有不同或屬代用品者，採購經辦人員應檢查所附資料並於「請購單」上予以證明，經主管核准後。先讓使用部門或請購部門簽註意見後呈核。

3. 屬於買賣慣例超交者（如最低採購量超過請購量），採購經辦人員於議價後，應於請購單「詢價記錄欄」中註明，經主管簽認後呈核。

4. 對於廠商的報價資料經整理後，經辦人員應深入分析後，以電話等聯絡方式向廠商議價。

5. 採購部門接到請購部門以電話聯絡的緊急採購案件，主管應立即指定經辦人員先進行詢價、議價，待接到請購單後，按一般採購程序優先辦理。

6. 「試車檢驗」的採購條件，採購經辦人員應於「請購單」註

明與廠商議定的付款條件呈核。

第十條　呈核及核決

採購經辦人員詢價完成後，在「請購單」上詳填詢價或議價結果及擬訂「訂購廠商」「交貨期限」與「報價有效期限」，經主管審核，並依請購核決許可權呈核。

第十一條　訂購

1. 採購經辦人員接到經核決的「請購單」後，應以「訂購單」向廠商訂購，並以電話或傳真確定交貨(到貨)日期，同時要求供應商於「送貨單」上註明「請購單編號」及「包裝方式」。

2. 若屬分批交貨者，採購經辦人員應於「請購單」上加蓋「分批交貨」章以資識到。

3. 採購經辦人員使用暫借款採購時，應於「請購單」加蓋「暫借款採購」章，以資識別。

第十二條　進度控制及事務聯繫

1. 國內採購部門應分詢價、訂購、交貨三個階段，以「採購進度控制表」控制採購作業進度。

2. 採購經辦人員未能按既定進度完成作業時，應填制「進度異常反應單」並註明「異常原因」及「預定完成日期」，經呈主管核示後轉送請購部門，依請購部門意見擬訂對策處理。

第十三條　整理付款

1. 物料管理部門應按照已辦妥收料的「請購單」連同「材料檢驗報告表」送採購部門，經與發票核對無誤，於翌日前由主管核章後送會計部門。會計部門應於結賬前辦妥付款手續。如為分批收料的，「請購單(內購)」的會計聯須於第一批收料後送會計部門。

2. 內購材料須待試車檢驗的，其訂立合約部份，依合約規定辦理付款，未訂合約部份，依採購部門呈准的付款條件整理付款。

3. 短交應補足的，請購部門應依照實收數量，進行整理付款。

4. 超交應經主管核示，方能依照實收數量進行整理付款，否則僅依訂貨數付款。

第十四條　詢價、比價、議價境外採購

1. 外購部門依「請購單（外購）」的需求日及急緩件加以整理，並依據供應廠商資料，並參考市場行情及過去詢價記錄，以電話或傳真方式進行詢價作業，但因特殊情況（獨家製造或代理等原因）應於「請購單（外購）」註明外，原則上應向三家以上供應廠商詢價、比價或經分析後議價。

2. 請購的材料規範較複雜時，外購部門應附上各廠商所報材料的重要規範並簽註意見後，再讓請購部門確認。

第十五條　呈核及核決

1. 比價、議價完成後，外購部門應填制「請購單（外購）」，擬訂「訂購廠商」「預定裝船日期」等，連同廠商報價資料，送請購部門依採購核決許可權核決。

2. 核決許可權

(1)採購金額以 CIF 美元總價折合在×××元（含）以下者由經理核決。

(2)採購金額以 CIF 美元總價折合超過×××元以上者由總經理核決。

3. 採購案件經核決後，如發生採購數量、金額的變更，請購部門應依更改後的採購金額所需的核決許可權重新呈核；但若更改後的核決許可權低於原核決許可權時，仍應由原核決主管核決。

第十六條　訂購與合約

1. 「請購單（外購）」經核決送回外購部門後，即向廠商訂購並辦理各項手續。

2.需與供應廠商簽訂長期合約者,外購部門應以簽呈及擬妥的長期合約書,依採購核決許可權呈核後辦理。

第十七條 進度控制及異常處理

1.外購部門應以「請購單(外購)」及「採購控制表」控制外購作業進度。

2.外購部門在每一作業進度延遲時,應主動開立「進度異常及反應單」,記明異常原因及處理對策,據此修訂進度並通知請購部門。

3.外購部門於外購案件「裝船日期」有延誤時,應主動與供應廠商聯繫催交,並開立「進度異常反應單」記明異常原因及處理對策,通知請購部門,並依請購部門意見處理。

第十八條 進口簽證前(「請購單(外購)」核准後)專案申請

1.專案進口機器設備的申請

專案進口機器設備時,外購部門應準備全部文件申請核發「輸入許可證」,申請函中並應請求「國貿局」在「輸入許可證」加蓋「國內尚無產制」的戳記及核准章,以便進口單位憑以向海關申請專案進口及分期繳稅。

2.進口度量衡器及管理物品時,外購部門應於申請「輸入許可證」之前,準備「報價單」及其他有關資料送進口單位向政府機關申請核准進口。

第十九條 進口簽證

外購材料訂購後,外購部門應立即檢具「請購單(外購)」及有關申請文件,以「申請外匯處理單」(需在一星期內辦妥結匯時,加填「緊急外購案件聯絡單」)送進口單位辦理簽證。進口單位應依預定日期向「國貿局」辦理簽證,並於「輸入許可證」核准時通知外購部門。

第二十條 進口保險

1. FOB、FAS、C&F 條件的進口案件，進口單位依「請購單(外購)」外購部門指示的保險範圍辦理進口保險。

2. 進口單位應將承保公司指定的公證行在「請購單(外購)」上標示，以便貨品進口必須公證時，進口單位憑以聯絡該指定的公證行辦理公證。

第二十一條　進口船務

1. FOB、FAS 的進口案件，進口單位(船務經辦人員)於接獲「請購單(外購)」時，應視其「裝運口岸」及「裝船期限」並參照航運資料，原則上選定三家以上船務公司或承攬商，以便進口貨品可機動選擇船隻裝運。

2. 進口單位(船務經辦人員)應將所選定的船務公司或承攬商品名稱，提供給進口結匯經辦人員，在「信用證開發申請書」上列明，作為信用證條款，向發貨人指示裝船。

3. 如因輸出口岸偏僻或因使用部門急需，為避免到貨延誤，外購部門應於「請購單(外購)」上註明，避免信用證指定船務公司而由發貨人代為安排裝船。

第二十二條　進口結匯

進口單位應依「請購單(外購)」標示的「間發信用證日期」辦理結匯，並於信用證(L/C)並出後以「開發 L/C 快報」通知外購部門聯絡供應廠商。

第二十三條　稅務

1. 免貨物稅及「工業用證明」的申請

(1)進口的貨品可申請免貨物稅的，外購部門應於「輸入許可證」核准後，檢具必需文件，向稅捐處申請，經取得核准函後向海關申請免貨物稅。

(2)除「免憑經濟部工業局證明辦理具結免稅進口」的項目外，

其他屬於免稅規定的材料，外購部門應於開發「信用證」後檢具必需文件，向經濟部工業局申請「非供塑膠用」證明，以便於報關時據此向海關申請，依工業用物品稅率繳納進口關稅。

2.專案進口稅則預估及分期繳稅的申請及辦理，外購部門應於進口前，檢具有關文件，憑以向海關申請稅則預估，等核准後並辦理分期繳稅及保證手續。

第二十四條　輸入許可證、信用證的修改

供應商成本公司要求修改「輸入許可證」或「信用證」時，外購部門應開立「信用證、輸入許可證修改申請書」經呈核後，檢具修改申請文件送進口事務科辦理。

第二十五條　裝船通知及提貨文件的提供

1.外購部門接到供應商通知有關船名及裝船日期時，立即填制「裝船通知單」分別通知請購部門、物料管理部門及有關部門。

2.外購部門收到供應商的裝船及提貨文件時，應檢具「輸入許可證」及有關文件，以「裝運文件處理單」先送進口單位辦理提貨背書。

3.提貨背書辦妥後，外購部門應檢具「輸入許可證」及提貨等有關文件，以「裝運文件處理單」辦理報關提貨。

4.管理進口物品放行證的申請：進口管理物品時，外購部門應在收到裝運文件後，檢具必需文件送政府主管機關申請「進口放行證」或「進口護照」，以便據此報關提貨。

第二十六條　進口報關

1.關務部門收到「請購單（外購）」及報關文件時，應視買賣、保險及稅率等條件填制「進口報關處理單」連同報關文件，委託報關行辦理報關手續，同時開立「外購到貨通知單」（含外購收料單）送材料庫辦理收料。

2. 不結匯進口物品，進口單位(郵寄包裹則爲總務部門)應於接獲到貨通知時，查明品名、數量等資料，並經外購部門確認，需要提貨者再進行辦理報關提貨。如系無價進口的材料、補運賠償及退貨換料等，報關時關務部門應開立「外購到貨通知單(含外購收料單)」通知收貨部門辦理收料，而屬其他材料及物品則由收件部門於聯絡單簽收後，送處理部門處理。

3. 關稅繳納前，進口單位應確實核對稅則、稅率後申請暫借款繳納。

4. 海關估稅的稅率如與進口單位估列者不符時，進口單位應立即通知外購部門提供有關資料，於海關核稅後 14 天內以書面向海關提出異議，申請覆查，並申請暫借款辦理押款提貨。押款提貨的案件，進口單位應於「進口報關追蹤表」記錄，以便督促銷案。

5. 稅捐記賬的進口案件，進口單位應依「請購單(外購)」，於報關時檢具必需文件辦理具結記賬，並將記賬情況記入「稅捐記賬額度記錄表」及「稅捐記賬額度控制表」。

6. 船邊提貨的進口材料，進口單位應於貨物抵港前辦妥繳稅或記賬手續，以便船隻抵港時，即時辦理提貨。

第二十七條　報關進度控制

關務部門應分報關、驗關、估稅、繳稅、放行五階段，以「進口報關追蹤表」控制通關進度。

第二十八條　公證

1. 各公司事業部應依材料進口索賠記錄及材料特性等因素，研判材料項目(如外購散裝材料)，通知進口單位於材料進港時，會同公證行前往公證。

2. 外購材料於驗關或到廠後發現短損而合於索賠條件者，進口單位應於接獲報關行或材料庫通知時，聯絡公證行辦理公證。

3.進口貨品辦理公證時,進口單位應於公證後,配合索賠經辦時效,索取公證報告分送有關部門。

第二十九條　退彙

1.外購部門依進口材料的裝運情況,判斷信用證剩餘金額已無裝船的可能時,應於提供報關文件時提示進口單位,並於進口材料放行及「輸入許可證」收回後,開立「信用證退彙通知單」連同「輸入許可證」送進口事務科辦理退彙。

2.退彙金額較大,但信用證未逾有效期限者,外購部門應向供應廠商索回信用證正本,送進口單位辦理退彙。

第三十條　索賠

1.外購部門接到收貨異常報告(「材料檢驗報告表」或「公證報告」等)時,應立即填制「索賠記錄單」,連同索賠資料交索賠經辦部門辦理。

2.以船公司或保險公司爲索賠對象者,由進口單位辦理索賠;以供應廠商爲索賠對象時,由外購部門辦理索賠。

3.索賠案件辦妥後,「索賠記錄單」應依原採購核決許可權呈核後歸檔。

第三十一條　退貨或退換

1.外購材料必須退貨或退換時,外購部門應適時通知進口單位依政府規定期限向海關申請。

2.複運出口、進口的有關事務,外購部門應負責辦理,其出口進口簽證、船務、保險報關等事務則委託出口單位及進口單位配合辦理。

3.退換的材料進口時依本節有關規則辦理。

第三十二條　價格覆核與市場行情資料提供

1.採購部門應調查主要材料的市場與行情,並建立廠商資料,

作爲採購及價格審核的參考。

2. 採購部門應就企業內各公司事業部所提重要材料的項目，提供市場行情資料，作爲材料存量管理及核決價格的參考。

第三十三條　質量複校

採購單位應就企業內所使用的材料質量予以覆核(如材料選用、質量檢驗)等。

第三十四條　異常處理

審查作業中，若發現異常情況，採購單位審查部門應立即填制「採購事務意見反應處理表」(或附報告資料)，通知有關部門處理。

第二節　採購管理辦法

一、請購管理制度

1. 請購經辦人員應依序量管理基準、用科預算，參考庫存情況開立請購單，並註明材料的品名、規格、數量、需求日期及注意事項。

2. 經主管審核後，依請購許可權呈核並編號，呈送採購部門。

3. 請購單由請購單位編列號碼，並將第二聯送財務部(以下簡稱採購單位)，或自行辦理採購。

4. 採購日期相同且屬同一供應廠商供應的統購材料，請購部門應使用請購單附表，以一單多品方式，提出請購。

5. 緊急請購時，由請購部門於「請購單說明欄」中註明原因，並加蓋「緊急採購」章，以急件卷宗遞送。

6. 辦公用品由物料管理部門按月依耗用狀況，並考慮庫存，填製「請購單」請購。

7. 招待用品如飲料、香煙，或打字、刻印報表購買等可免開請購單，但其核決許可權另訂。

8. 請購單位對於所請購材料，若需要變更規格或數量時，必須立即函洽或電告採購單位；如因已訂購，或事後變更者，採購單位須即函複已訂情形，並洽請購單位設法收受，或由請購單位負責會同採購單位與承售商協調解決，但應盡可能避免。

9. 採購部門在接到請購單時，立即辦理詢價、議價、並將此議價結果記錄於請購單，然後將訪購單第二聯呈核，但必要時得事先送請購單位簽註意見。

10. 請購單呈核後送回採購單位向承售商辦理訂購，必要時應與承售商訂定買賣合約書，合約一式四份，第一份正本存採購單位，第二份正本存承售商，第三份副本存請購單位，第四份副本及暫付款申請書第二聯送會計供整理定金用，如不需支付定金時，第四份副本免填。

二、國內採購辦法

第一條 為達到公司的國內採購工作合理與統一，其事務處理除遵照國內採購流程圖有關規定外，特制定本辦法。

第二條 各部門應根據「營業」、「工程」、「生產」計劃及事務用品的預算表或庫存不足部份開立請購單，必須將品名、規格、用途、數量、廠牌及交期等詳細填寫，並依內購核決許可權表的規定呈准後辦理。

第三條 請購單由請購部門編列號碼，並將第二聯送財務部審

批，然後辦理採購。

第四條　請購部門對於所請購材料，倘需要變更規格或數量時，必須立即函洽或電告採購部門，如因已訂購，而於事後變更的，採購部門須立即函複已訂情形，並洽請購部門設法收受，或由請購部門負責會同採購單位與承售商協調解決，但盡可能避免這樣的情況。

第五條　請購部門所請購材料，如系本公司各部門的製品或材料，請購部門應徑自向各該部門購撥（其價格採中間價解決）

第六條　採購部門在接到請購單時，立即辦理詢價、議價，並將詢議價結果記錄於請購單，然後將請購單第二聯呈准，但必要時須事先送請購部門簽註意見。

第七條　請購單呈核後，送回採購部門向承售商辦理訂購，必要時應與承售商簽訂買賣合約書一式四份，第一份正本存採購部門，第二份正本存承售商，第三份副本存請購部門，第四份副本及暫付款申請書第二聯送會計單位供整理定金用，如下需支付定金時，第四份副本免填。

第八條　採購部門訂購手續辦完後，應立即填寫訂貨收料單一式三聯，並將第一、二聯送請購部門登記及驗收手續。

第九條　因缺貨或不明供應處所，以致無法購得或逾期者，採購單位應立即通知請購部門。

第十條　請購部門於廠商交貨時，先將供應廠商的托運單據與請購單查封，並實際清點件數及重量，相符後簽收，如發現不符時，立即通知採購部門會同處理。

第十一條　請購部門於廠商交貨時，立即通知使用部門（或品檢單位）派人驗收品質，驗收合格後於訂貨收料單內驗收欄加蓋印章，並將第二聯及供應廠商單據、發票等一併送採購單位整理付款。

第十二條　分批交貨以分批方式收料時，必須以「分批收料單」

(一式三聯)辦理收料,其手續與本辦法第十一條規定相同。

第十三條　採購部門將已辦妥收料的訂貨收料單第二聯與發票單據等並在一起核算,然後送會計單位整理支付傳票轉出納付款。

第十四條　承售商領款時,必須將托運單據簽收聯繳回出納,經出納人員核對無誤後,再憑對供應廠商資料卡上公司章及領款人私章領款。

三、採購計劃編制管理規定

第一條　採購計劃的編訂

1. 營業部於每年年度開始時,提供公司生產銷量的每種產品的「銷售預測」,銷售預測須經營會議通過,並配合實際庫存量、生產需要量、市場狀況,由生產單位編制每月的「生產計劃」。

2. 生產單位編制的「生產計劃」副本送至採購中心,據以編制「採購計劃」,經經營會議審核通過,將副本送交管理部財務單位編制每月的「資金預算」。

3. 營業部門變更「銷售計劃」或有臨時的銷售決策(例如緊急訂單),應與生產單位、採購中心協商,以排定生產日程,並據以修改採購計劃及採購預算。

第二條　採購預算的編訂

1. 材料預算分為:

(1)用料預算。

(2)購料預算。

前項用料預算再接用途分為:

①營業支出用料預算。

②資本支出用料預算。

2. 材料預算按編制期間分爲：

(1)年度預算。

(2)分期預算。

3. 年度用料預算的編制程序如下：

(1)由用料部門依據營業預算及生產計劃編制「年度用料預算表」(特殊用料並應預估材料價格)經主管部長核定後,送企劃部材料管理彙編「年度用料總預算」轉公司財務部。

(2)材料預算經最後審定後,由總務部倉運股嚴格執行,如經核減,應由一級主管召集部長、組長、領班研究分配後核定,由企劃部份別通知各用料部門重新編列預算,其屬於自行修訂委託者,按規定辦理。

(3)用料部門用料超出核定預算時,由企劃部通知運輸部門。超出數在 10%以上時,應由用料部門提出書面理由呈轉一級主管核定後辦理。

(4)用料總預算超出 10%時,由企劃部通知儲運部說明超出原因呈請核示,並辦理追加手續。

4. 分期用料預算由用料部門編制,凡屬委託修繕工作,採購部按用料部門計劃分別代爲編列「用料預算表」,經一級主管核定進行採購。

5. 資本支出用料預算,由一級主管根據工程計劃,通知企劃部按前條規定辦理。

6. 購料預算編制程序如下：

(1)年度購料預算由企劃部彙編並送呈審核。

(2)分期購料預算,由倉運部視庫存量、已購未到數量及財務狀況,編制「購料預算表」會企劃部送呈審核轉公司財務會議審議。

7. 經核定的分期購料預算,在當期未動用者,不得保留。其確

有需要者，下期補列。

8. 資本支出預算，年度有一部份未動用或全部未動用者，其未動用部份則不能保留，視情況得在次一年度補列。

9. 未列預算的緊急用料，由用料部門領用料後，補辦追加預算。

10. 用料預算除由用料部門嚴格執行外，並由企劃部加以配合控制。

四、材料採購預算編制辦法

第一條 材料預算編制除遵照本公司預算制度外，均依照本規則辦理。

第二條 材料預算分為：

(一)用料預算。

(二)購料預算。前項用料預算再按用途分為；

1. 營業支出用料預算。

2. 資本支出用料預算。

第三條 材料預算按編制期間分為：

(一)年度預算。

(二)分期預算。

第四條 年度用料預算編制程序如下：

(一)由用料部門依據營業預算及生產計劃編制「年度用料預算表」(特殊用料並應預估材料價格)經主管核定後，送企劃部材料管理彙編「年度用料總預算」轉公司財務部。

(二)凡屬修繕之工作，概由企劃部按用料部門計劃代為編列預算，並通知用料部門。

(三)材料預算經最後審定後，由運輸部門嚴格執行，如經核減，

應由部長、組長、領班研擬分配後核定，由企劃部份別通知各用料部門重新編列預算，其屬於自行修配委託者，按本條第(二)款之規定辦理。

(四)用料部門用料超出核定預算時，由企劃部通知運輸部門超出數在10%以上時，應由用料部門提出書面理由呈轉主管核定後辦理。

(五)用料總預算超出10%時，由企劃部說明超出原因呈請核示，並辦理追加手續。

第五條 分期用料預算由用料部門編制，凡屬委託修繕之工作，採購部按用料部門計劃分別代為編列「用料預算表」，經主管核定後送企劃部。

第六條 資本支出用料預算，由主管根據工程計劃，通知企劃部按前條之規定辦理。

第七條 購料預算編制程序如下：

(一)年度購料預算由企劃部彙編並送總經理審批。

(二)分期購料預算，由倉儲部視庫存量、已購未到數量及財務狀況，編制「購料預算表」會企劃部送呈審核轉公司財務公議審議。

第八條 經核定的分期購料預算，在當期未動用者，不得保留。其確有需要者，得於下期補列。

第九條 資本支出預算，年度有一部份未動用或全部未動用者，其未動用部份則不能保留，視情況得在次一年度補列。

第十條 未列預算的緊急用料，由用料部門領用料後，補辦追加預算。

第十一條 用料預算除由用料部門嚴格執行外，並由倉儲部及企劃課加以配合控制。

五、供應商管理辦法

第一條 總則

為了穩定供應商隊伍，建立長期互惠供求關係，特制定本辦法。本辦法適用於向公司長期供應原輔材料、零件、部件及提供配套服務的廠商。

第二條 管理原則和體制

1. 公司採購部或配套部主管供應商，生產製造、財務、研發等部門予以協助。

2. 對選定的供應商，公司與之簽訂長期供應合作協定，在該協定中具體規定雙方的權利與義務、雙方互惠條件。

3. 公司可對供應商評定信用等級，根據等級實施不同的管理。

4. 公司定期或不定期地對供應商進行評價，不合格的解除長期供應合作協定。

5. 公司對零部件供應企業可頒發生產配套許可證。

第三條 供應商的篩選與評級

（一）公司制定如下篩選與評定供應商級別的指標體系

1. 質量水準。包括：物料來件的優良品率；質量保證體系；樣品質量；對質量問題的處理。

2. 交貨能力。包括：交貨的及時性；擴大供貨的彈性；樣品的及時性；增、減訂貨的回應能力。

3. 價格水準。包括：優惠程度；消化漲價能力；成本下降空間。

4. 技術能力。包括：生產技術技術的先進性；後續研發能力；產品設計能力；技術問題的反應能力。

5. 後援服務。包括：零星訂貨保證；配套售後服務能力。

6. 人力資源。包括：經營團隊；員工素質。

7. 現有合作狀況。包括：合約履約率；年均供貨額外負坦和所佔比例；合作年限；合作融洽關係。

具體篩選與評級供應商時，應根據形成的指標體系，給出各指標的權重和打分標準。

(二)篩選程序。

1. 每類物料由採購部經市場調研後，提出 5－10 家候選供應商名單。

2. 公司成立一個由採購、質管、技術部門組成的供應商評選小組。

3. 評選小組初審候選廠家後，由採購部實地調查廠家，雙方填調查表。

4. 對各候選廠家逐條對照打分，並計算出總分排序後決定取捨。

第四條　核准爲供應商的，始得採購；沒有通過的，請其繼續改進，保留其未來候選資格。

第五條　每年對供應商予以重新評估，不合要求予以淘汰，從候選隊伍中再行補充合格供應商。

第六條　公司可對供應商劃定不同信用等級進行管理，評級過程參照如上篩選供應商辦法。

第七條　對最高信用的供應商，公司可提供物料免檢、優先支付貨款等優惠待遇。

第八條　管理措施

1. 公司對重要的供應商可派遣專職駐廠員，或經常對供應商進行質量檢查。

2. 公司定期或不定期地對供應商品進行質量檢測或現場檢查。

3. 公司減少對個別供應商大戶的過分依賴，分散採購風險。

4.公司制定各採購件的驗收標準及與供應商的驗收交接規程。

5.公司採購、研發、生產、技術部門,可對供應商進行業務指導和培訓,但應注意公司產品核心或關鍵技術不擴散、不洩密。

6.公司對重要的、有發展潛力的、符合公司投資方針的供應商,可以投資入股,建立與供應商的產權關係。

第九條　附則

本辦法由採購、配套部門解釋、執行,經總經理辦公會議批准執行。

六、供應商評分細則

1. 評價/評分原則

每個子系統從三方面來評價——計劃、實施、結果三項內容綜合;然後綜合各個子系統和各個部門的結果。

2. 評分步驟

對管理子系統全體一起打分;剩餘子系統單獨打分;對每個子系統至少指出兩優兩不足;大家一起形成共同分;子系統分加和爲總供應商的得分。

3. 反饋給供應商

與供應商雙向溝通整個認證過程的結果,包括 5 個強項和 5 個尚需改進提高的方面、總分和分項得分;請供應商在 2 週內對需提高的方面給出行動計劃;認證小組應及時審閱並將意見反饋給供應商;適當時間(3 月後)再次拜訪供應商。

上述結果實際考慮了供應商有無書面措施、執行的情況以及執行的結果。

第 *9* 章

倉 儲 管 理

第一節　倉儲管理工作崗位職責

一、倉庫主管崗位職責

倉庫主管在生產部經理的領導下，切實貫徹各項倉庫管理制度，督促屬下加強對倉庫的管理、檢查，做好消防安全工作，其主要職責如下。

1. 草擬倉庫管理相關制度規範，經公司領導批准執行
2. 根據企業年度經營計劃，制定倉庫管理工作計劃
3. 負責監督、檢查倉庫的出入庫管理，組織倉庫的現場管理
4. 就庫存、倉儲等問題及時與生產部經理溝通
5. 定期督促倉庫管理專員進行庫存盤點工作
6. 定期檢查物品賬做到賬物相符、賬賬相符

7. 負責與採購、銷售等部門溝通，解決跨部門合作問題

8. 負責控制部門預算，降低倉儲費用成本

9. 負責企業倉庫管理隊伍建設、選拔、配備、培訓與員工評價

10. 負責倉庫安全消防管理工作，定期進行檢查

11. 完成上級領導臨時交辦的工作

二、倉庫專員崗位職責

倉庫專員作為各項倉庫管理工作的主要執行者，肩負著成品庫、原料庫及相關賬目管理的工作，其主要職責如下。

1. 協助倉庫主管完成本部門的工作

2. 負責建立倉庫內所有物資的台賬

3. 按定置管理要求擺放整齊，做好標識，賬、卡、物一致

4. 做好倉庫物資的庫存控制工作，及時提醒計劃員工做好產品計劃

5. 負責做好庫內物資保管及防護工作，按規定手續做好產品的收發工作

6. 與生產部協調辦理產成品的入庫手續

7. 與相關部門協調合作，出庫單及時錄入電腦，上報財務

8. 協助導購帶領客戶看貨，提貨；負責退貨工作

9. 負責倉庫管理數據系統的維護與更新

10. 月底盤點庫存，做月報表；做好倉庫的現場管理工作

11. 每月及時編制庫存報表工作，按財務要求做好庫內物資的成本核算工作

12. 完成上級臨時交辦的工作

第二節　倉儲管理流程

一、運輸管理流程圖

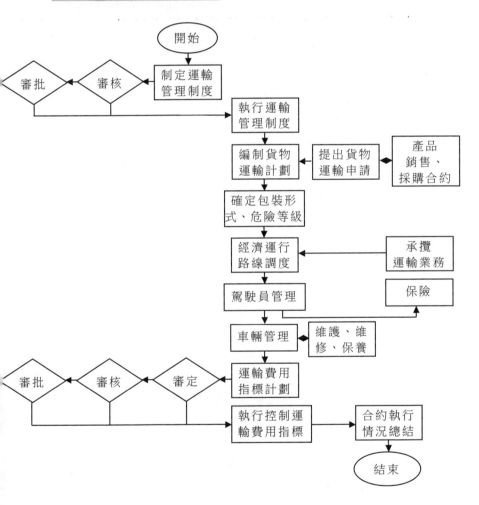

二、物資倉儲管理流程

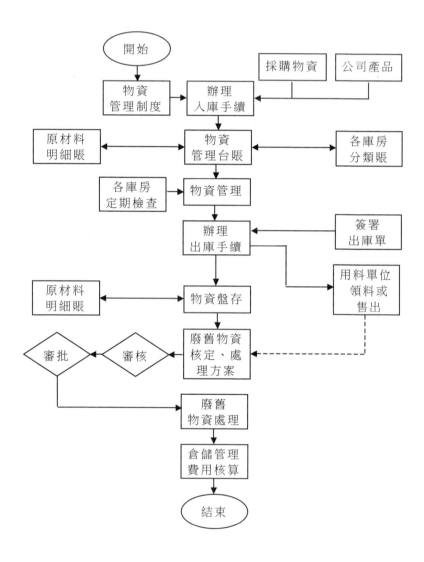

三、入庫管理流程圖

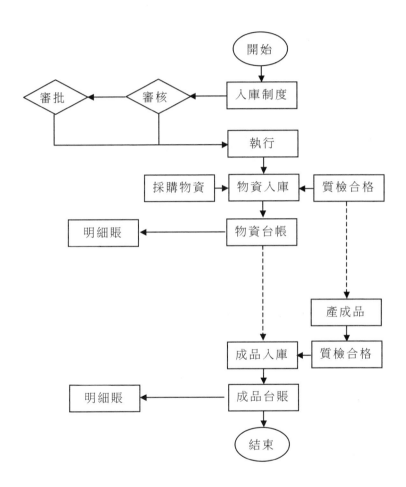

四、出庫管理流程圖

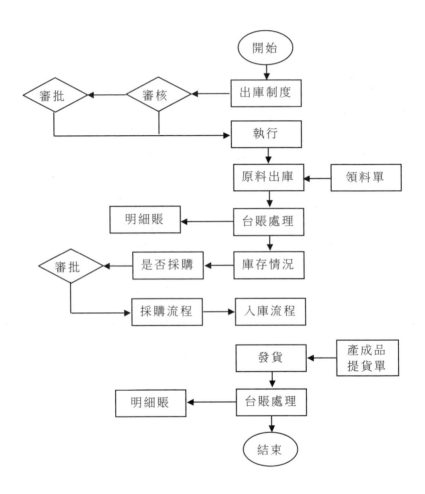

五、庫存量控制管理流程圖

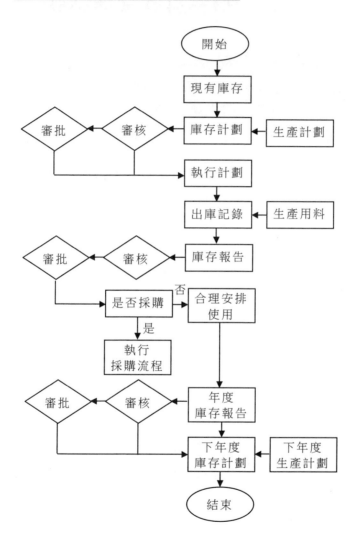

第三節　物料倉儲管理制度

一、物料入庫管理制度

第 1 章　總則

第 1 條　目的。為了規範倉庫管理，完善入庫管理制度，特制定本制度。

第 2 條　管理範圍。入庫物品管理範圍包括原材料、半成品、成品及廢品、瑕疵品等。

第 2 章　原材料入庫

第 3 條　採購原材料抵庫後，庫管員按照已核准的訂貨單或採購申請單和送貨單，仔細核對物資的品名、規格、型號、數量，並檢查外包裝是否完好無損。

進貨日報表

編號：　　　　　　　　　　　　　　　　　　____年___月___日

名稱	單位	單價	數量	原庫存量	現有存量	供應廠商	備註

編製：　　　　　　　　　　　　　　　填表：

第 4 條　進廠待驗的原材料，必須於物品的外包裝上貼材料標籤並詳細註明料號、品名規格、數量及入廠日期，且與已檢驗者分開儲

存，並規劃待驗區以為區分。收料後，倉庫管理人員應將每日所收料品匯總填入進貨日報表作為入賬消單的依據。

第 5 條　超交處理。

交貨數量超過訂購量部份應予退回，但屬買賣慣例，以重量或長度計算的材料，其超交量在 3%以下，由倉庫管理部門在收料時，在備欄註明超交數量，經生產部門經理同意後，始得辦理入庫手續，並通知採購人員。

第 6 條　短交處理。

交貨數量未達訂購數量時，以補足為原則，但經生產部門經理同意，可免補交。短交如需補足時，倉庫管理人員應通知採購部門聯絡供應商處理。

第 7 條　急用品收料。

緊急材料於廠商交貨時，若倉庫管理部門尚未收到請購單時，倉庫管理人員應先洽詢生產部，確認無誤後，始得辦理入庫手續。

第 8 條　材料驗收規範。

為利於材料檢驗收料的作業，品質管制部門應就材料重要性及特性等，適時召集使用部門及其他有關部門，依所需的材料品質研訂材料驗收規範，呈總經理核准後公佈實施，以為採購及倉庫驗收的依據。

第 9 條　材料檢驗結果的處理。

（1）檢驗合格的材料，檢驗人員在外包裝上貼合格標籤，以示區別，倉庫管理人員再將合格品入庫定位並開具入庫單辦理入庫手續。

（2）不合驗收標準的材料，檢驗人員在物品包裝上貼不合格的標籤，並於材料檢驗報告表上註明不良原因，經倉庫管理部門核示處理對策後，轉採購部門處理及通知生產部，再送回倉庫管理部門憑此辦理退貨。

第 10 條　入庫時要認真查抄入庫號碼，填寫入庫號碼單。每日

業務終了，及時將入庫號碼單報至統計員處輸入電腦。

第 3 章　半成品入庫

第 11 條　當日生產未完成的或因某種原因生產不能立即進行的半成品必須於下班前辦理入庫手續。

第 12 條　半成品入庫應詳細記錄半成品數量、規格等資訊，由倉庫管理人員開具半成品入庫單並填寫半成品入庫台賬。

第 13 條　半成品入庫應本著安全、便捷的要求，共存放應有利於生產部門再生產時領用。

第 14 條　委外加工的半成品入庫管理按原材料入庫管理執行。

第 4 章　成品入庫

第 15 條　生產部整個產品生產流程結束，由檢驗人員出具檢驗合格證方可辦理入庫手續。

第 16 條　倉庫管理人員必須對成品數量、包裝等進行檢查，符合成品入庫要求的出具成品入庫單，雙方核實無誤後簽字確認。

第 17 條　成品入庫單一式三份，一份由倉庫作為登記實物賬依據，一份交生產工廠作為產量統計依據，一份交財務部作為成本核算和產品核算之依據。

第 5 章　廢品、瑕疵品入庫

第 18 條　對於廢品、瑕疵品實行分解入庫的辦法，根據其產生原因進行分解。

第 19 條　對於廢品、瑕疵品分解後可利用材料仍按原材料使用，不可利用的，部門直接按報廢品進行統一處理。

第 20 條　對於不可分解的廢品、瑕疵品，直接按報廢品統一處

理。

第 21 條　廢品、瑕疵品入庫只需填寫入庫登記台賬，不作入庫單。

二、物料儲存管理制度

第 1 章　總則

第 1 條　物料的儲存保管，原則上應以物料的屬性、特點和用途規劃設置倉庫，並根據倉庫的條件考慮劃區分工，合理有效使用倉庫面積。

第 2 條　物料存儲原則。

（1）安全可靠原則。

本著安全可靠的原則合理安排垛位和規定地距、牆距、垛距、頂距。

（2）分類擺放原則。

按物料品種、規格、型號等結合倉庫條件分門別類進行堆放（在可能的情況下推行五五堆放），要做到過目見數，作業和盤點方便，貨號明顯，成行成列。

第 2 章　物料擺放管理

第 3 條　凡吞吐量大的用落地堆放，週轉量小的用貨架存放。落地堆放以分類和規格的次序排列編號，上架的以分類號位編號。

第 4 條　物料儲存要統一規劃、合理佈局、分類保管、編號定位。貴重物料要設專庫或專櫃保管，易燃、易爆等危險品要單獨按規定存放。

第 5 條　物料的計量單位要按照通用的計量標準實行，對不同的

物料採用不同的計量方法,保證同一種物料前後計量單位的一致性和準確性。

第 6 條　原則上編號採取「四號定位」法:第一位表示庫房或貨場的編號;第二位表示貨架或貨場內分區的編號;第三位表示貨架層次或貨場分排編號;第四位表示物料位置或貨場垛位編號。半導體成品存放的編號按儲存櫃的編號確定。

第 7 條　物料碼垛要牢固、整齊,要留有工作道,便於保養、清點、收發,應當按種類、包裝、體積、重量合理堆碼。所有物料一般均應上架,對不能上架的大件物料,應按合約號集中放置,並做標識,無合約的按規格分類存放。放在室外的大件物料必須遮蓋。

第 8 條　庫存物資在裝卸、搬運過程中要輕拿輕放,不可倒置,保證完好無損。

第 9 條　倉庫管理部門對所經管的成品庫存及倉運設備應負責安全使用之責,如果破損應立即向主管反映並立即委託修護。

第 3 章　物資盤點管理

第 10 條　倉庫建立庫存數量賬,每日根據出入庫憑單及時登記核算,月終結賬和實盤完畢後與財務部門對賬。

第 11 條　經常進行盤點,做到日清月結,按規定時間編報庫存日報和庫存月報。

第 12 條　庫存成品應作定期或不定期的盤點,盤點時由會計科將盤點項目依規格類別填具成品盤點表會同物料管理科盤點,並按實際盤點數量填入數量欄內。

第 13 條　實施電腦化後,成品盤點表由電腦製表。

第 4 章 　庫房環境管理

第 14 條 　庫房內應乾燥，地面平坦，整潔；倉庫大門、窗戶應完好；鎖匙、庫門開啟裝置實行專人管理。

第 15 條 　倉庫燈光應足夠，能滿足倉庫夜間操作（如貨運發貨等），倉庫電源線不得有裸露現象。

第 16 條 　倉庫應配備足夠的消防器材（消防栓 1 個/200 平方米），定期檢查有無失效，倉庫的消防器材應放在容易發現、拿取的位置。

第 17 條 　庫內應劃黃線標明庫位、垛位、道路等，庫內通道應暢通，不得有物品阻礙車輛通行。

第 18 條 　倉庫應具備進、出貨的裝卸平台，便於出入庫操作。

第 19 條 　每個倉庫應有倉庫平面圖，且註明庫內產品分佈、倉庫平面結構、倉庫面積。

第 20 條 　庫內應具備裝卸工裝卸時的墊板，具備裝卸必備的工具，如推車、叉車等。

第 21 條 　倉庫地面應無灰塵、碎屑、紙屑等雜物，庫內應具備清潔工具（掃帚、墩布、垃圾箱等），各倉庫的推車、掃把等工具應集中擺放在固定、合理的位置，不得隨意亂扔。

第 5 章 　庫房安全管理

第 22 條 　建立健全出入庫人員登記制度，入庫人員經倉庫管理人員的同意，並且登記之後方可在倉庫管理員的陪同下進入倉庫，入庫人員一律不得攜帶易燃、易爆物品，不得在倉庫吸煙。入庫搬運時，要根據物料特性及大小、輕重使用不同搬運工具，以避免碰撞損壞。

第 23 條 　倉庫保管的物料，非經主管的許可，任何人不得私自挪用、試用、調換和外借。

第 24 條　倉庫管理員有權拒絕不合乎企業規定的物料出庫、移庫、退庫等請求。

第 25 條　易燃品、易爆品或違禁品不得攜帶入倉庫，物料管理科應隨時注意。

第 26 條　做好各種防患工作，確保物資的安全保管。預防內容包括防火、防盜、防潮、防銹、防腐、防黴、防鼠、防蟲、防塵、防爆、防漏電。

第 27 條　庫房要有必要的安全設施、滅火設備，安全門必須齊全有效，水電線路必須暢通無阻，以利防火、防盜等。倉庫管理員應嚴格執行安全保衛工作的規定，切實做好防火、防盜等工作，定期檢查維修消防器材和設備，保證倉庫和物料財產的安全。

第 28 條　倉庫內不得吸煙，若因工程需要燒焊時，應先報備，批准後，有專人負責才可。

第 29 條　庫房內不得存放私人物品。倉庫管理員不得擅自離崗，庫房無人時必須上鎖，無關人員不得進入庫區。

第 30 條　做好倉庫與供應、銷售環節的銜接工作，在保證合理儲備的前提下，力求減少庫存，並對物料的利用、積壓等情況提出處理意見。

三、物料出庫管理制度

第 1 章　總則

第 1 條　目的。

為規範物料出庫管理，完善原材料、成品出庫流程，特制定本制度。

第 2 條　管理範圍。

物料出庫物品管理範圍包括原材料、成品及半成品出庫管理等。

第 2 章　原材料出庫

第 3 條　原材料出庫必須嚴格按照先辦手續後出貨的原則，並保證出庫手續齊全、完備。

第 4 條　原材料出庫時，庫管員憑領料人出具的領料單，認真核對內容是否填寫清楚、完整以及是否有相關領導人的審批，根據先進先出的原則備料。

第 5 條　庫管員按領料單上的品種、規格、型號、數量，認真清點後，將出庫物料與領料人員當面交清。

第 6 條　發放物資時要堅持「推陳儲新，先進先出，按規定供應，節約」的原則，發貨堅持一盤底、二核對、三發貨、四減數。同時堅持單貨不符不出庫、包裝破損不出庫、殘損變形不出庫、嘜頭不清不出庫。

第 7 條　對於專項申請用料，除計劃人員留做備用的數量外，均應由請購部門領用。常備用料，凡屬可以分割拆零的，本著節約的原則，都應拆零供應，不准一次性發料。

第 8 條　特殊情況急需領料時，經生產部經理同意，可以先領材料後辦手續。但經辦人必須儘快補齊領料手續。

第 9 條　原材料出庫時，倉庫管理員應將出庫物料數量逐一記入卡片，做到隨出隨記，並要及時記賬。

第 10 條　對貪圖方便，違反發貨原則造成的物資變質、大料小用、優材劣用以及差錯等損失，庫管員負責任。

第 11 條　出庫時要認真查抄出庫號碼，填寫出庫號碼單。每日業務終了，及時將出庫號碼單報至統計員處輸入電腦。

第 12 條　發往外單位委託加工的材料，應同樣辦理出庫手續，

在出庫單上註明，並設置發外加工登記簿進行登記。

第 3 章　半成品出庫

第 13 條　生產部需要對半成品進行再生產處理的，需由領用人填寫半成品出庫單，並由工廠主任簽字確認。

第 14 條　倉庫管理人員要仔細登記出庫半成品的數量、規格，並記入台賬。

第 15 條　對於委託外單位加工的半成品同樣要出具半成品出庫單，並在備註欄中註明委託單位。

第 4 章　成品出庫

第 16 條　出庫期限。

(1)凡遇下列情況之一者，倉庫管理部門應於一日前辦妥成品出庫單，並於一日內出庫。

①計劃產品接獲客戶的訂貨通知單時的交貨日期。

②內銷、合作外銷訂製品，依客戶需要的日期。

(2)直接外銷訂製品繳庫後，配合結關日期出庫。

第 17 條　成品出庫總體規定。

(1)倉庫管理部門接到訂貨通知單時，經辦人員應依產品規格及訂貨通知單編號順序列檔，內容不明確應即時請銷售部門確認。

(2)因客戶業務需要，收貨人非訂購客戶或收貨地點非其營業所在地的，依下列規定辦理。

①經銷商的訂貨、交貨地點非其營業所在地，其訂貨通知單應經業務部主管核簽方可辦理出庫。

②收貨人非訂購客戶應有訂購客戶出具的收貨指定通知方可辦理出庫。

③倉庫管理部門接獲訂制（貨）通知單方可出庫，但有指定出庫日期的，依其指定日期出庫。

④訂製品在客戶需要日期前繳庫或訂貨通知單註明「不得提前出庫」的，倉庫管理部門若因庫位問題需要提前出庫時，應先由業務人員轉知客戶同意，且收到銷售部門的出貨通知後始得提前出庫，若是緊急出貨，應由業務部主管通知倉庫管理部門主管先予以出庫，再補辦出貨通知手續。

⑤未經辦理入庫手續的成品不得出庫，若需緊急出庫需於出庫同時辦理入庫手續。

⑥訂製品出庫前，倉庫管理部門如接到銷售部門的暫緩出貨通知時，應立即暫緩出庫，等收到銷售部門的出貨通知後再辦理出庫。緊急時可由銷售部門主管先以電話通知倉庫管理部門主管，但事後仍應立即補辦手續。

⑦成品出庫單填好後，須於訂貨通知單上填註日期、成品出庫單編號及數量等，以瞭解出庫情況，若已交畢結案則依流水號順序整理歸檔。

第 18 條　承運車輛調派與控制。

（1）倉庫管理部門應指定人員負責承運車輛與發貨人員的調派。

（2）倉庫管理部門應於每日下午四點以前備好第二天應出庫的成品出庫單，並通知承運公司調派車輛。

（3）承運車輛可能於營業時間外抵達客戶交貨位址的，成品出庫前，倉庫管理部門應將預定抵達時間通知銷售部門轉告客戶。

第 19 條　成品出庫時，倉庫管理部門應依訂制（貨）通知單開立成品出庫單，由銷售部門填開發票，客戶聯發票核對無誤後寄交客戶，存根聯與未用的發票於下月二日前匯送會計部門。

第 20 條　訂貨通知單上註明有預收款的，在開列成品出庫單

時，應於預收款欄內註明預收款金額及發票號碼，分批出庫的，其收款以最後一批交貨時為原則，但訂貨（制）通知單內有特殊規定者例外。

第 21 條　承運車輛人廠裝栽成品後，發貨人及承運人應於成品出庫單上簽章，第一、第二聯經送業務部核對後第一聯業務部存，第二聯會計核對入賬，第三、第四、第五聯交由承運商於出貨前核點無誤後始得放行。經客戶簽收後第三聯送出庫客戶，第四、第五聯交由承運商送回倉庫管理部門，把第四聯送回銷售部依實際需要寄交指運客戶，第五聯承運商持回，據以申請運費，第六聯倉庫管理部門自存。

第 22 條　客戶自運。

1. 客戶要求自運時，倉庫管理部門應先聯絡銷售部門確認。

2. 成品裝載後，承運人於成品出庫單上簽認。

四、物料盤點管理制度

第 1 章　總則

第 1 條　目的。

為明確掌握企業物料及財產狀況，更好地開展生產活動和成本控制，特制訂本制度。

第 2 條　盤點週期。

公司倉庫盤點共分為月盤點、年度盤點以及不定期盤點。

第 3 條　組織實施。

倉庫盤點工作由生產部經理或倉庫主管具體組織，採購、銷售、財務等部門協助。

第 2 章　盤點賬卡管理

第 4 條　物料入庫後要及時建卡，並隨物料的進出隨時登記。卡片上應記錄物料名稱、貨位、入庫和出庫日期、進出數量和結存數量。卡片要掛在貨位對應處。

第 5 條　庫房應建立獨立台賬。台賬應記錄各種物料的名稱、規格型號、貨位、入庫和出庫數量、日期及結存數量。

第 6 條　台賬由除倉庫管理員外的其他人員專人保管，電腦內台賬設密碼，台賬的查閱、更改必須履行相關手續。

第 7 條　庫房進行交接時，新的庫房管理人員應在原管理人員協助下清點實際庫存，查清盤盈盤虧現象，經主管領導審批後調整相應的台賬記錄，使實際庫存與台賬記錄相符。

第 8 條　台賬記錄。

定期進行盤點後必須根據實際庫存情況作台賬記錄，賬實不符時以實際庫存為準，並且必須如實記錄並上報。

第 3 章　盤點內容與步驟

第 9 條　盤點的主要內容。

查清物料實際庫存量和台賬是否相符，查明物料發生盈虧的原因，查明物料的品質狀況等，做到賬實相符，及時處理超儲、呆滯物料，節約流動資金。

第 10 條　盤點的主要步驟。

（1）初盤。負責盤點區域受盤物品之清點，確認受盤物之定位及標識等。

（2）複盤。複盤區域受盤物品之清點，核對盤點卡上記錄與實物是否一致，確認初盤準確性，初盤有誤時更正數據，送交數據處理中心修改，如下表所示。

盤點卡

第一聯			
物品名稱		填寫日期	
物品編號		存放貨位號	
單位		數量	
填寫人		盤點單位	

第二聯			
物品名稱		填寫日期	
物品編號		存放貨位號	
單位		數量	
核對人	填寫人		盤點單號

（3）抽盤。區域隨機（疑點）抽查，綜合評估初盤複盤績效。

（4）數據處理。盤點的結果應於當日內記錄於台賬或輸入電腦並備份，定期盤點的結果應及時送迭生產部和財務部；盤點中發現的問題應及時如實彙報給企業主管領導。

第 4 章 盤點方法

第 11 條 先由初盤人員填寫區域儲位，依儲位認真核對物品品名、規格，清點數量，將數據寫在盤點卡上，簽名後把第三聯貼在被盤物品上，第一、第二聯合在一起由盤點組輸進電腦。

第 12 條 複盤人員須在指定區域盤點 10%（初盤數）以上，具體做法同初盤，特別注意初盤漏盤或重工。

第 13 條 複盤人員若發現初盤有誤須協同初盤人員一起湊齊三

聯，且用紅筆將正確數據寫在複盤欄內。（不可蒙蔽、徇私）

第 5 章　盤點注意事項

第 14 條　盤點卡書寫要求用力，確保第二、第三聯明晰，不受誤導；要求謹慎，儘量減少作廢，保證卡號連貫；卡上數據必須依實物填寫。

第 15 條　盤點區域內若有未貼盤點卡之物品，須知會盤點組查明其原因（遺漏或掉落）作處置。

第 16 條　盤點過程中若有零星之物，不可自行判斷放入他箱（膠框）以免造成混亂。

第 17 條　盤點過程中不得有任何物料轉移作業，如有急件（料）入（出）廠須知會倉庫主管協調處理。

第 18 條　各組人員編制後須依照擬好之時間排程進入作業場所，不可隨意請假或缺席或拖延時間。

第 19 條　各部門負責人員不可缺席盤點說明會或檢討會，以免隨後操作失誤。

第四節　倉儲管理方案

一、庫存控制方案

一、庫存物品分類原則

根據現代倉儲管理技術 ABC 分析法，對倉庫物品進行系統分類。

A、B、C 分析法指按成本比重高低將各存貨項目分為 A、B、C 三

類，對不同類別的存貨採取不同的控制方法。如下表所示。

庫存物品分類控制表

類別	劃分標準		控制方法	適用範圍
	佔儲存成本比重	實物量比重		
A 類	70%左右	不超過 20%	重點控制	品種少、單位價值高的存貨
B 類	20%左右	不超過 30%	一般控制	介於兩者之間的存貨
C 類	10%左右	不低於 50%	簡單控制	品種多、單位價值低的存貨

二、庫存控制原則

1.A 類物品庫存控制原則

壓縮總庫存量，減少佔用資金，使存貨結構合理化。

2.B 類物品庫存控制原則

正常控制用量，實行批量庫存控制。

3.C 類物品庫存控制原則

維持高庫存數量，避免缺貨。

三、原材料庫存控制

(一)庫存基準量制定

根據庫存物品的存儲成本對整個庫存成本的影響力的大小，分別制定 A、B、C 三類物品的基準量。

1.A 類物品基準量確定

(1)庫存報告分析

A 類物品作為庫存成本消耗最大的部份，必須合格控制其庫存量以降低庫存成本。倉庫管理部門根據上一年度 A 類物品庫存報告分

析，確定上一年度存貨的安全量。

(2)年度生產計劃分析

根據年度生產計劃分析今年各月產量增長情況，由生產管理部門依生產及保養計劃定期編制材料預算及存量基準明細表，擬訂用料預算。

(3) A 類物品存量基準的確定

倉庫管理部門依物品預算用量、交貨所需時間、需用資金、倉儲容量、變質速率及危險性等因素，選用適當管理方法以物品預算及存量基準明細表列示各項物品的管理點，連同設定資料呈主管核准後，作為存量管理的基準，並擬物品控制表進行存量管理作業，但當物品存量基準設定因素變動足以影響管理點時，倉庫管理部門應即修正存量管理基準。

2. B 類物品基準量確定

(1) B 類物品用量計劃確定

B 類物品由主管人員依據去年的平均季用量，並參酌今年營業的銷售目標與生產計劃設定，若產銷計劃有重大變化(如開發或取消某一產品的生產，擴建增產計劃等)應修訂月用量。

(2) B 類物品存量基準的確定

倉庫管理部門應考慮材料預算用量，在精簡採購、倉儲成本的原則下，酌情以材料預算及存量基準明細表設定存量管理基準加以管理，但材料存量基準設定因素變動時，倉庫管理部門必須修正其存量管理基準。

3. C 類物品基準量確定

(1) C 類物品用量計劃確定

C 類物品由生產管理部門依生產用料基準，逐批擬訂產品用料預算，臨時需求材料直接由生產工廠定期擬訂用料預算。

(2) C 類物品存量基準的確定

由生產管理人員於每月的 25 日以前，依上月及去年同期各月份的耗用數量，並參考市場狀況，擬訂次月份的預計銷售量，再乘以各產品的單位用量，而設定預估月用量。

(二)請購點設定

1.請購點

採購作業期間的需求量加上安全存量。

2.採購作業期間的需求量

採購作業期限乘以預估月用量。

3.安全存量

採購作業期間的需求量乘以 25%(差異管理率)加上裝船延誤日數用量(歐、美地區×天用量，日本與東南亞地區×天用量)

(三)物品差異分析

1. A 類物品

倉庫管理部門應於每月 10 日前就上月實際用量與預算用量比較(內購材料用)或前三個月累計實際用量與累計預算用量比較(外購材料用)，其差異率在管理基準(各企業自訂)以上者，需填制材料使用量差異分析月報表送生產管理部門分析原因，並提出改善對策。

2. B 類物品

倉庫管理部門以每月或每 3 個月為一期，於次月 10 日前就最近一個月或三個月累計實際用量與累計預算用量比較，其差異率在管理基準以上者按科別填寫填制材料使用量差異分析月報表，送生產管理部門分析原因，並提出改善對策。

3. C 類物品

訂貨生產的用料，由生產管理部門於每批產品製造完成後，分析用料異常。

四、成品庫存控制

(一) A 類物品

1. 嚴格控制

要求準備最完整、最精確的作業記錄，最高的作業優先權。

2. 庫存配置

A 類物品應放置在最靠近客戶的配送中心，客戶訂貨後，馬上就能送到客戶手中，以便及時提供優質服務。

(二) B 類物品

1. 正常控制

按企業正常方式調節庫存數量，定期進行數據檢查。

2. 庫存配置

根據購銷情況、出入庫頻率，適當碼堆擺放。

(三) C 類物品

1. 簡單控制

簡化控制流程，減少控制工作量。只進行簡單記錄，檢查次數儘量減少。

2. 庫存配置

採取最經濟的存儲方式，為 A、B 類物品存放提供空間。

五、其他事項

(一) 做好倉庫與採購、銷售環節的銜接工作，在保證經營供應、管理需要等合理儲備的前提下，力求減少庫存量。

(二) 定期進行庫存物資結構與週轉分析，及時上報預警資訊，協助做好報損、報廢和呆滯物資的處理工作。

二、廢品處理方案

一、廢品的認定

凡不能再加工的廢料或不能提高使用價值,創造利潤的廢棄產品稱為廢品。對於存儲的廢料,倉庫管理部門要填寫物料報廢申請表,得到相關部門批示後再進行進一步的處理。如下表所示。

物料報廢申請表

編號:　　　　　　　　　　　　　　　　　　　年　　月　　日

品名	規格	報廢原因	處理方式	數量	單價	金額	預計回收金額	備註
合計								
倉庫主管意見			生產部經理審核					
財務部審核			生產總監審核					

二、廢品的管理

(一)廢品的整理

1.各工作場所應置放廢料桶,便於工作人員隨時存放並便於一次搬運。

2.各工作場所當日產生之廢料,應於當日搬往規定的廢料存放區。

3.倉庫管理部門在收到各部門送來的廢舊物品時,應做出登記,

註明品名、數量簽收，逐月按各部實交廢舊物品匯記數量。

(二)廢品的保管

1.設置廢料存放區，按類別分開存放，勿隨地丟棄。

2.各部門搜集的各種廢品，送交倉庫管理部門統一處理。

三、廢品的處理方式

(一)出售處理

1.由倉庫管理部門負責處理，行政部協辦。

2.各種廢料由倉庫管理部門負責分別覓商訪價，會同行政部定價。

3.裝車時倉庫管理部門須派人隨車監視，以免承購商夾雜有用物料或偷竊其他物品。

4.過磅時通知行政部會同辦理，同時注意防止承購商作弊，並於廢料處理單上共同簽證。

5.經辦人除應於每次過磅前先將磅秤校正外，還應由倉庫管理部門按月辦理重校。

6.依據廢料處理單開具銷貨單及發票，由倉庫管理部門主管簽章後交生產部經理核准。

7.廢料出售一律規定為現款交易，收款後以當日結繳財務部收賬為原則。

8.以每月標售處理為原則。

(二)回收處理

1.將待處理廢料集中一處並按其結構進行解體。

2.按物料組成進行分類處理，回收利用。

3.不能解體的物品仍按出售方式處理。

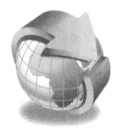

第 *10* 章

生 產 安 全 管 理

第一節　生產安全管理崗位職責

一、安全主管崗位職責

　　安全主管的主要職責包括工廠安全管理，編制工廠安全生產、環境保護的長遠規劃和年度工作計劃，貫徹執行各項安全生產規程，定期或不定期進行安全消防檢查，處理工廠安全事故等，其具體職責如下。

1. 制定工廠安全生產管理制度並監督執行
2. 制定工廠安全管理工作年度計劃
3. 每月進行工廠消防安全檢查
4. 對工廠機動車輛的安全進行管理
5. 每季組織開展安全生產評比，總結安全工作，制定安全工作措

施

6. 每季組織召開安全員會議，聽取安全員工作彙報，佈置下季工作重點

7. 建立工廠主任、專職安全員、班組三級安全生產管理網路，確保安全生產

8. 組織工廠安全生產技術考試、知識競賽和技術培訓工作

9. 組織工廠重大事故的現場調查、處理工作

10. 定期對安全管理人員進行考核培訓

11. 完成廠長、工廠主任交辦的其他任務

二、安全專員崗位職責

安全專員的崗位職責主要包括安全生產知識教育和法規的宣傳，及時制止違章作業和消除隱患，保證消防設施完好，協助安全事故處理，進行安全流程設計等，其具體職責如下。

1. 編寫安全生產管理制度

2. 給新招員工和變換崗位的員工傳授安全生產知識

3. 定期宣傳相應的安全法規

4. 進行安全隱患檢查，落實防範措施

5. 檢查和維護所轄區域的消防設施

6. 協助安全主管進行事故調查，撰寫事故調查報告

7. 負責各項安全設施的詢價、採購、運輸及安裝

8. 完成安全主管交辦的其他任務

第二節　安全管理流程

一、生產安全管理流程

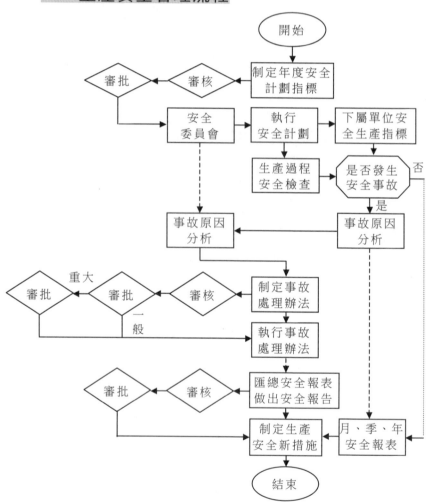

二、安全委員會組織管理流程圖

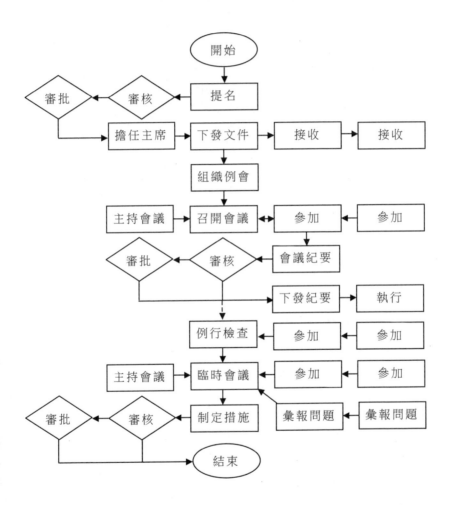

三、安全設施購置管理流程圖

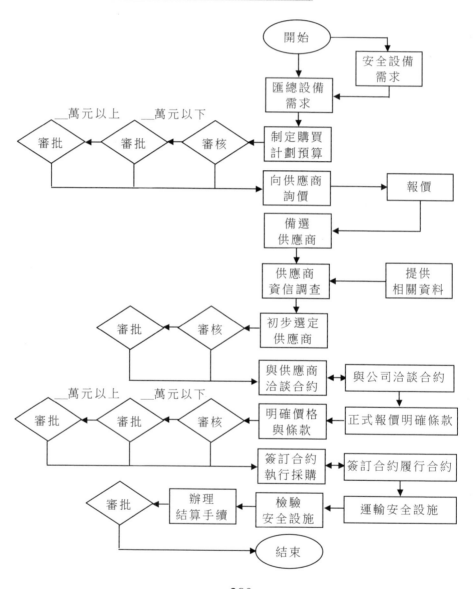

四、重大安全事故處理管理流程圖

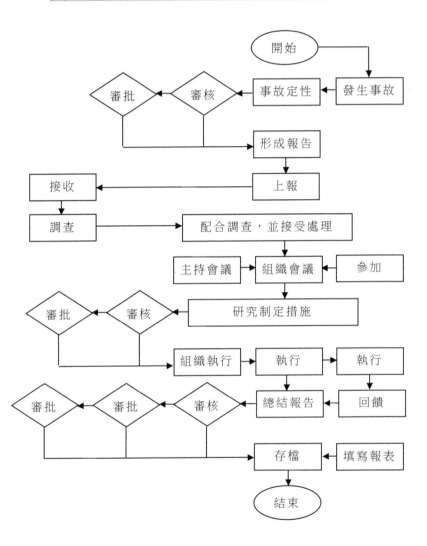

五、一般安全事故處理管理流程圖

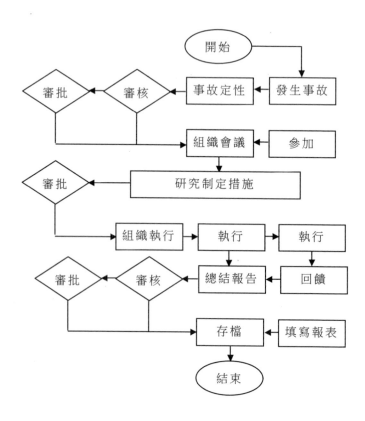

六、安全培訓管理流程圖

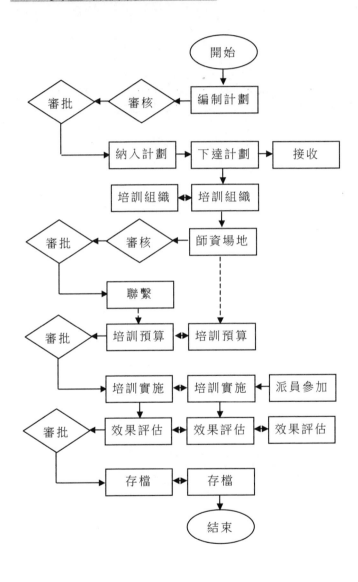

七、環保管理流程圖

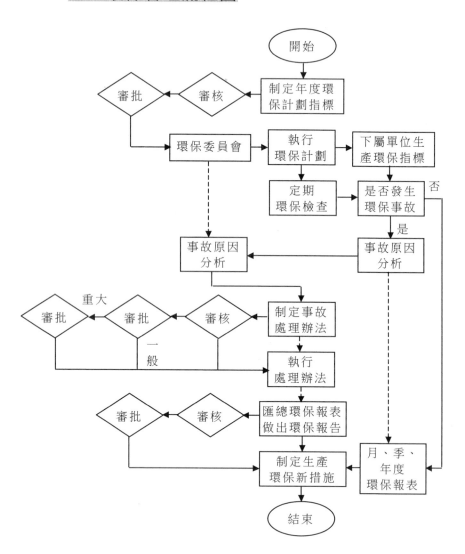

八、環保設備購置管理流程圖

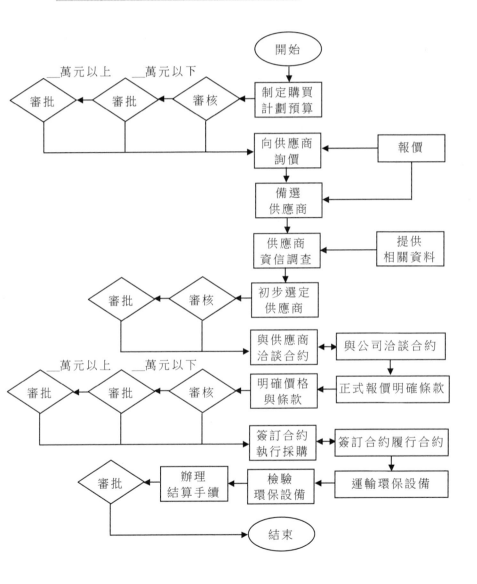

九、重大環保事故處理流程圖

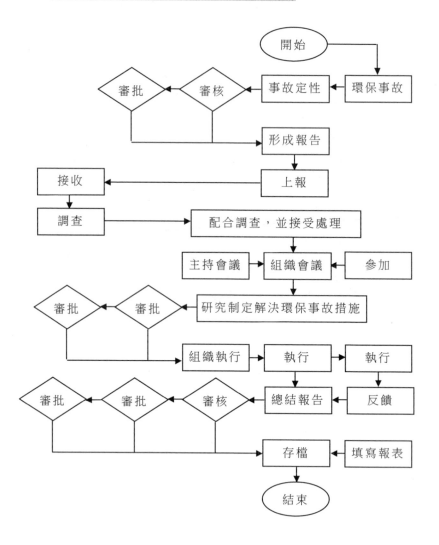

十、一般環保事故處理流程圖

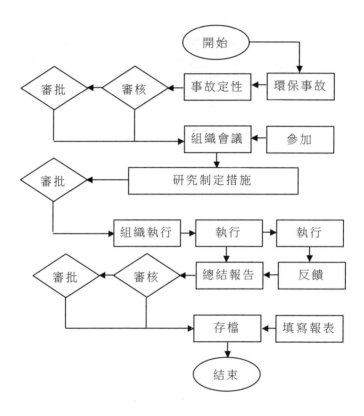

第三節　生產安全管理制度

第 1 章　總則

第 1 條　企業的安全生產工作必須貫徹「安全第一，預防為主」的方針，貫徹執行總經理（法定代表人）負責制，各級領導要堅持「管生產必須管安全」的原則，生產要服從安全的需要，實現安全生產。

第 2 條　對在安全生產方面有突出貢獻的團體和個人要給予獎勵；違反安全生產制度和操作規程造成事故的責任者，要給予嚴肅處理；觸及法律的，交由司法機關論處。

第 2 章　機構與職責

第 3 條　企業安全生產委員會（以下簡稱安委會）是企業安全生產的領導機構，由企業領導和有關部門的主要負責人組成。

其主要職責是，全面負責企業安全生產管理工作，研究制訂安全生產技術措施和工作保護計劃，實施安全生產檢查和監督，調查處理事故等。安委會的日常事務由安全生產委員會辦公室（以下簡稱安委辦）負責處理。

第 4 條　企業下屬生產單位必須成立安全生產領導小組，負責對本單位的職工進行安全生產教育，制訂安全生產實施細則和操作規程，實施安全生產監督檢查，貫徹執行安委會的各項安全指令，確保生產安全。安全生產小組組長由各單位的領導擔任，並按規定配備專職安全生產管理人員。各機房、生產班組要選配一名安全員。

第 5 條　安全生產主要責任人的劃分如下：單位行政第一把手是本單位安全生產的第一責任人，分管生產的安全生產管理員是本單位

安全生產的主要責任人。

第 6 條　各級工程師和技術人員在審核、批准技術計劃、方案、圖紙及其他各種技術文件時，必須保證安全技術和勞動衛生技術運用的準確性。

第 7 條　各職能部門必須在本職業務範圍內做好安全生產的各項工作。

第 8 條　安全生產專職管理幹部職責如下。

(1)協助領導貫徹執行工作保護法令、制度，綜合管理日常安全生產工作。

(2)匯總和審查安全生產措施計劃，並督促有關部門切實按期執行。

(3)制定、修訂安全生產管理制度，並對這些制度的貫徹執行情況進行監督檢查。

(4)開展安全生產大檢查。經常深入現場指導生產中的保護工作。遇有特別緊急的不安全情況時，有權停止生產，並立即報告上級研究處理。

(5)總結和推廣安全生產的先進經驗，協助有關部門做好安全生產的宣傳教育和專業培訓。

(6)參加審查新建、改建、擴建、大修工程的文件設計和工程驗收及試運轉工作。

(7)參加傷亡事故的調查和處理，負責傷亡事故的統計、分析和報告，協助有關部門提出防止事故的措施，並督促其按時實現。

(8)根據有關規定，制定本單位的防護用品、保健食品發放標準，並監督執行。

(9)有關部門研究制定防止職業危害的措施，並監督執行。

(10)對上級指示、基層情況，要上傳下達，做好資訊回饋工作。

第 9 條　各生產單位專職安全生產管理員,要協助本單位貫徹執行保護法規和安全生產管理制度,處理本單位安全生產日常事務和安全生產檢查監督工作。

第 10 條　各機房、生產班組安全員要經常檢查、督促本機房、班組人員遵守安全生產制度和操作規程,做好設備、工具等安全檢查、保養工作,並及時向上級報告本機房、班組的安全生產情況,做好原始資料的登記和保管工作。

第 11 條　職工在生產、工作中要認真學習和執行安全技術操作規程,遵守各項規章制度。愛護生產設備和安全防護裝置、設施及保護用品。發現不安全因素,及時報告上級,迅速予以排除。

第 3 章　教育與培訓

第 12 條　對新職工、臨時工、實習人員,先進行安全生產的教育才能進入操作崗位。對改變工種的工人,必須重新進行安全教育才能上崗。

第 13 條　對從事鍋爐、壓力容器、電梯、電氣、起重、焊接、車輛駕駛、杆線作業、易燃易爆等特殊工種的人員,必須進行專業安全技術培訓,經有關部門嚴格考核並取得合格操作證(執照)後,才准其獨立操作。對特殊工種的在崗人員,必須進行經常性的安全教育。

第 4 章　設備、工程建設、勞動場所

第 14 條　各種設備和儀器不得超負荷和帶缺陷運行,要做到正確使用,經常維護,定期檢修。不符合安全要求的陳舊設備,應有計劃地更新和改造。

第 15 條　電氣設備和線路應符合有關安全規定。電氣設備應有可熔保險和漏電保護。絕緣必須良好,並有可靠的接地或接零保護措

施；產生大量蒸氣、腐蝕性氣體或粉塵的工作場所，應使用密閉型電氣設備；有易燃易爆危險的工作場所，應配備防爆型電氣設備；潮濕場所和移動式的電氣設備，應採用安全電壓。電氣設備必須符合相應防護等級的安全技術要求。

第 16 條　引進國外設備時，國內不能配套的安全附件，也必須同時引進，引進的安全附件應符合安全要求。

第 17 條　凡新建、改建、擴建、遷建生產場地以及技術改造工程，都必須安排工作保護設施的建設，並要與主體工程同時設計、同時施工、同時投產。

第 18 條　工程建設主管部門在工程設計和竣工驗收時，應提出保護設施的設計方案、完成情況和品質評價報告，經同級勞資、衛生、保衛等部門和工會組織審查驗收，並簽名蓋章後，方可施工、投產。未經以上部門同意而強行施工、投產的，要追究有關人員的責任。

第 19 條　工作場所佈局要合理，保持清潔、整齊。有毒有害的作業，必須配有防護設施。

第 20 條　生產用房、建築物必須堅固、安全；通道平坦、暢順，要有足夠的光線；為生產所設的坑、壕、池、走台、升降口等有危險的處所，必須有安全設施和明顯的安全標誌。

第 21 條　有高溫、低溫、潮濕、雷電、靜電等危險的勞動場所，必須採取相應的防護措施。

第 22 條　僱請外單位人員在企業的場地進行施工作業時，主管單位應加強管理，必要時實行工作票制度。對違反作業規定並造成企業財產損失者，需索賠並嚴加處理。

第 23 條　僱請的施工人員需進入機樓、機房施工作業時，需到保衛部辦理出入許可證；需明火作業者還需填寫企業臨時動火作業申請表，辦理相關手續。

第 5 章 電信線路

第 24 條 電信線路的設計、施工和維護，應符合安全技術規定。凡從事電信線路施工和維護等的工作人員，均要嚴格執行《電信線路安全技術操作規程》。

第 25 條 電信線路施工單位必須按照安全施工程序組織施工。對架空線路、天線、地下及平底電纜、地下管道等電信施工工程及施工環境都必須相應採取安全防護措施。施工工具和儀錶要合格、靈敏、安全、可靠。高空作業工具和防護用品，必須由專業生產廠家和管理部門提供，並經常檢查，定期鑑定。

第 26 條 電信線路維護要嚴防觸電、高空墜落和倒杆事故。線路維護前一定要先檢查線杆根基牢固狀況，並對電路驗電確認安全後，方准操作。操作中要嚴密注意電力線對通信線和操作安全的影響，嚴格按照操作規程作業。

第 6 章 易燃、易爆物品

第 27 條 易燃、易爆物品的運輸、貯存、使用、廢品處理等，必須設有防火、防爆設施，嚴格執行安全操作守則和定員定量定品種的安全規定。

第 28 條 易燃、易爆物品的使用地和貯存點，要嚴禁煙火，要嚴格消除可能發生火災的一切隱患。檢查設備需要動用明火時，必須採取妥善的防護措施，並經有關批准，在專人監護下進行。

第 7 章 電梯

第 29 條 簽訂電梯訂貨、安裝、維修保養合約時，需遵守規定的有關安全要求。

第 30 條 新購的電梯必須是取得國家有關許可證的單位設計、

生產的產品。電梯銷售商需設立有維修保養點或正式委託保養點。

第 31 條　電梯的使用必須取得《電梯使用合格證》。

第 32 條　工程部門辦理新安裝電梯移交時，除應移交有關文件、說明書等資料以外，還需告訴接受單位有關電梯的維修、檢測和年審等事宜。

第 33 條　負責管理電梯的單位，要切實加強電梯的管理、使用和維修、保養、年審等工作。發現隱患要立即消除，嚴禁電梯帶隱患運行。

第 34 條　確實需要聘請外單位人員安裝、維修、檢測電梯時，被僱請的單位必須是認可的單位。

第 35 條　電梯管理單位需將電梯的維修、檢測、年審和運行情況等資料影印副本報企業安委辦備案。

第 8 章　個人防護用品和職業危害的預防與治療

第 36 條　根據工作性質和勞動條例，為職工配備或發放個人防護用品，各單位必須教育職工正確使用防護用品，不懂得防護用品用途和性能的，不准上崗操作。

第 37 條　努力做好防塵、防毒、防輻射、防暑降溫工作和防噪音工程，進行經常性的衛生監測。對超過衛生標準的有毒有害作業點，應進行技術改造或採取衛生防護措施，不斷改善勞動條件，按規定發放保健食品補貼，提高有毒有害作業人員的健康水準。

第 38 條　對從事有毒有害作業的人員，要實行每年一次定期職業體檢制度。對確診為職業病的患者，應立即上報企業人事部，由人事部或企業安委會視情況調整工作崗位，並及時做出治療或療養的決定。

第 39 條　禁止年齡不滿 18 歲的青少年從事生產工作。禁止安

排女職工在懷孕期、哺乳期從事影響胎兒、嬰兒健康的有毒有害作業。

第 9 章　檢查和整改

第 40 條　堅持定期或不定期的安全生產檢查制度。企業安委會組織全企業的檢查，每年不少於兩次；各生產單位每季檢查不少於一次；各機樓（房）和生產班組應實行班前班後檢查制度；特殊工種和設備的操作者應進行每天檢查。

第 41 條　發現不安全隱患，必須及時整改，如本單位不能進行整改的要立即報告安委辦統一安排整改。

第 42 條　凡安全生產整改所需費用，應經審批後，在勞保技措經費項目列支。

第 10 章　獎勵與處罰

第 43 條　企業的安全生產工作應每年總結一次，由企業安全生產委員會辦公室組織評選安全生產先進集體和先進個人。

第 44 條　安全生產先進集體的基本條件。

（1）認真貫徹「安全第一，預防為主」的方針，執行上級有關安全生產的法令法規，落實總經理負責制，加強安全生產管理。

（2）安全生產機構健全，人員措施落實，能有效地開展工作。

（3）嚴格執行各項安全生產規章制度，開展經常性的安全生產教育活動，不斷增強職工的安全意識和提高職工的自我保護能力。

（4）加強安全生產檢查，及時整改事故隱患和塵毒危害，積極改善勞動條件。

（5）連續三年以上無責任性職工死亡和重傷事故，交通事故也逐年減少，安全生產工作成績顯著。

第 45 條　安全生產先進個人條件。

（1）遵守安全生產各項規章制度，遵守各項操作規程，遵守勞動紀律，保障生產安全。

（2）積極學習安全生產知識，不斷提高安全意識和自我保護能力。

（3）堅決反對違反安全生產規定的行為，糾正和制止違章作業、違章指揮。

第 46 條　對安全生產有特殊貢獻的，給予特別獎勵。

第 47 條　發生重大事故或死亡事故（含交通事故），對事故單位（室）給予扣發工資總額的處罰，並追究單位的責任。

第 48 條　凡發生事故，要按有關規定報告。瞞報、虛報、漏報或故意延遲不報的，除責成補報外，對事故單位（室）給予扣發工資總額的處罰，並追究責任者的責任，對觸及刑律的，追究其法律責任。

第 49 條　對事故責任者視情節輕重給予批評教育、處罰、行政處分，觸及刑律者依法論處。

第 50 條　對單位扣發工資總額的處罰，最高不超過 3%；對職工個人的處罰，最高不超過一年的生產性獎金總額（不合應賠償款項），可並處行政處分。

第 51 條　由於各種意外（含人為的）因素造成人員傷亡或廠房設備損毀或正常生產、生活受到破壞的情況均為本企業事故，可劃分為工傷事故、設備（建築）損毀事故、交通事故三種（車輛、駕駛員、交通事故等制度由行政部參照本規定另行制訂，並組織實施）。

第 52 條　工傷事故，是指職工在生產勞動過程中，發生的人身傷害、急性中毒的事故。包括以下幾種情況。

（1）從事本崗位工作或執行領導臨時指定或同意的工作任務而造成的負傷或死亡。

（2）在緊急情況下（如搶險、救災、救人等），從事對企業或社會有益工作造成的疾病、負傷或死亡。

(3)在工作崗位上或經批准在其他場所工作時而造成的負傷或死亡。

(4)職業性疾病，以及由此而造成的死亡。

(5)乘坐本單位的機動車輛去開會、聽報告和乘坐本單位指定上下班接送的車輛上下班，所乘坐的車輛發生非本人所應負責的意外事故，造成職工負傷或死亡。

(6)職工雖不在生產或工作崗位上，但由於企業設備、設施或勞動的條件不良而引起的負傷或死亡。

第 53 條　發生事故的單位必須按照事故處理程序進行事故處理。

(1)事故現場人員應立即搶救傷患，保護現場，如因搶救傷患和防止事故擴大，需要移動現場物件時，必須做出標誌，詳細記錄或拍照和繪製事故現場圖。

(2)立即向單位主管部門報告，事故單位即向企業安委辦報告。

(3)開展事故調查，分析事故原因。企業安委辦接到事故報告後，應迅速指示有關單位進行調查。輕傷或一般事故在 15 天內，重傷以上事故或大事故以上在 30 天內向有關部門報送事故調查報告書。事故調查處理應接受工會組織的監督。

(4)制定整改防範措施。

(5)對事故責任者做出適當的處理。

(6)以事故通報和事故分析會等形式教育職工。

第 54 條　無人員傷亡的交通事故。

(1)機動車輛駕駛員發生事故後，駕駛員和有關人員必須協助交管部門進行事故調查、分析，參加事故處理。事故單位應及時向安委辦報告，一般在 24 小時內報告，大事故或死亡事故應即時報告。事後，需補寫「事故經過」的書面報告。肇事者應在兩天內寫出書面報

告交給單位領導。肇事單位應在七天內將肇事者報告隨本單位報告一併送交安委辦。

（2）對員工駕車肇事，應根據公安部門裁定的損失數額的 10%對事故責任者進行處罰，處罰款項原則上由肇事個人到財務部繳納。處罰的最高款額不超過上年度企業人均生產性獎金總額（基數 1.0 計）。

（3）凡未經交管部門裁決而私下協商解決賠償的事故，如果企業的損失超過保險企業規定免賠額的，其超出部份由肇事者自負。

（4）擅自挪用車輛辦私事而發生事故的，按第 2 款規定加倍處罰；可視情節給予扣發一年以內的獎金或並處行政處分。

（5）凡因私事經主管同意借用公車而發生事故的，參照第 2 款處理。

（6）發生事故隱瞞不報（超時限兩天屬瞞報），每次加扣當事人 3 個月以內的獎金。

（7）開「帶病車」，或將車輛交給無證人員或未經行政部門批准駕駛企業車輛的人，每次扣 2 個月的獎金。

第 55 條　事故原因查清後，各有關方面對於事故的分析和事故責任者的處理不能取得一致意見時，勞資部門有權提出結論性意見，交由單位及主管部門處理。

第 56 條　在調查處理事故中，對怠忽職守、濫用職權、徇私舞弊者，應追究其行政責任，觸及刑律的，追究刑事責任。

第 57 條　各級單位或有關幹部、職工在其職責範圍內，不履行或不正確履行自己應盡的職責，有如下行為造成事故的，按怠忽職守論處。

（1）不執行有關規章制度、條例、規程的或自行其事的。

（2）對可能造成重大傷亡的險情和隱患，不採取措施或措施採取不力的。

(3)不接受主管部門的管理和監督，不聽合理意見，主觀武斷，不顧他人安危，強令他人違章作業的。

(4)對安全生產工作漫不經心，馬虎草率，麻痹大意的。

(5)對安全生產不檢查、不督促、不指導，放任自流的。

(6)延誤裝、修安全防護設備或不裝、修安全防護設備的。

(7)違反操作規程，冒險作業、擅離崗位或對作業漫不經心的。

(8)擅動有「危險禁動」標誌的設備、機器、開關、電閘等的。

(9)不服指揮和勸告，進行違章作業的。

(10)施工組織或單項作業有嚴重錯誤的。

第 58 條　各單位可根據本規定制定具體的實施措施。

第 59 條　本規定由企業安委辦負責解釋。

第 60 條　本規定自發文之日起執行。企業以前制定的有關制度、規定等如與本規定有抵觸的，按本規定執行。

第四節　生產安全管理方案

一、事故應急救援方案

一、制定應急預案

為了保證本企業員工生命財產的安全，防止突發性重大事故的發生，並能在事故發生後迅速有效地控制處理，根據本企業實際情況，特制訂本企業事故應急救援預案。

二、指揮機構的設立、裝備、聯絡方式

1.應急處理領導小組，負責本企業預案制訂，組建應急義務小組

隊員，組織實施和演練，檢查督促做好本企業重大事故的預防措施和應急救援的一切工作。

2.危險搶修用的個人防護，安全帶，防毒面具，隔熱服，斷電絕緣釺、梯，急救醫療器具，通信地址，聯絡電話，傳真等配備到位，平時進行專人專管，確保器材處於臨戰狀態，保證有效使用。

3.通信網路和聯絡方式有電話、傳真及報警等。

三、應急救援專業隊伍的任務和訓練

1.根據本企業實際，組建義務應急救援隊，它的任務是，搶險救災並重點擔負本企業各類重大危險品及事故的處置。

2.對義務應急救援隊，每年進行安全日和春季、冬季安全訓練，以及進行防火、滅火、搶險等針對性訓練和演練。

四、事故處置

(一)二甲苯發生火災後

1.立即報警，確定著火位置後，在事故應急統一指揮下，迅速控制著火現場。

2.將火場週圍的無關人員疏散到安全處。

3.在公安消防隊未到達之前，進入火場撲救的應急隊員，應穿戴防護服帽、眼罩等，控制火災蔓延擴大。

4.用高倍數泡沫、乾粉、二氧化碳及大量高壓霧狀和土沙，進行有效滅火。

5.組織供電搶修、供水、警衛及後勤保障系統。

6.火災現場如有人員燒傷、窒息或中毒，立即轉移到遠離火場而且逆風處，緊急救治，傷情較重者，立即送醫院搶救。

7.火災撲救結束後，組織應急隊及參戰人員，進行現場清理，防止死灰復燃。

(二)二甲苯洩漏時

1.立即報警。

2.組織供電、檢修及應急義務人員立即到位。

3.迅速切斷電源、火源，在應急統一指揮下，將無關人員撤離到安全地帶。

4.應急處理人員需戴防毒面具及穿防護服裝，以最快方法切斷洩漏源，防止它進入下水道及流水溝和地溝。

5.二甲苯小量洩漏時，將洩漏液收集於密閉容器內，用大量水沖洗殘液。

6.二甲苯發生洩漏事故後，應急人員不得全部撤離，必須留守看護警戒，防止發生二次洩漏，並且在洩漏現場用大量的高壓霧狀水稀釋空氣，地面用高壓水沖洗後，用漂白粉水溶液噴散現場，以免造成環境污染。

五、現場醫療救護

(一)火傷急救

輕者用酒精塗抹灼傷處，重者需用油類，如篦麻油、橄欖油與蘇打水匀和，敷於其上，外加軟布包紮，如水泡過大，不要切開，已破水的皮膚也不可剝去。

(二)皮膚創傷急救

1.止血。

2.清潔傷口，週圍用溫水或涼開水洗之，輕傷只要塗 2%的紅汞水。

3.重傷用乾淨紗布蓋上，用繃帶綁起來。

(三)觸電急救

救人前應以非導體木棒等將觸電的人推離電線，切不可用手去拉，以免傳電，然後解開其衣扣，進行人工呼吸，並請醫生診治。局

部觸電，傷處應先用硼酸水洗淨，貼上紗布。

(四)猝倒中暑急救

將猝倒者移至陰涼通風處平躺，用冷水刺激面部，或將中暑者頭部墊高，用冷濕布敷額頭和胸部，呼吸微弱的可進行人工呼吸，醒後讓其多飲清涼飲料，並送醫診斷。

(五)手足骨折急救

1.為避免受傷部份移動，可先自製夾板夾住，最好用軟質布棉做夾板，托住傷處下部，長度足夠及於兩端關節所在，然後兩邊捲住手或腳，用布條或繃帶綁緊。

2.如為骨碎破皮，可用消毒紗布蓋住骨部傷處，用軟質棉枕夾住，立即送醫。

3.如懷疑手或腳折斷，不能讓傷者用手著力或用腳走路，夾板或繃帶不可綁得太緊。

六、緊急安全疏散

1.如果企業工廠發生火災事故緊急啟動應急照明系統,應對工廠員工進行疏散。

2.應急救援義務隊員，戴防毒面具，著防護服，將現場人員疏散到安全地。

3.及時疏散工廠成品庫的產品。

4.組織供電檢修人員，及時搶修照明及打通所有門窗，完全疏散成品物資，減少財產損失。

5.組織應急救援隊員，進行滅火撲救，並按時報警。

七、值班制度

1.企業為了提高生產效率,減少事故必須建立 24 小時值班制度。

2.企業主管領導負責監督 24 小時值班成員。

3.值班成員按企業統一安排的值班時間進行監督檢查。

4.值班人員每天要對庫儲、生產、廠區設施及原料堆放配電機械等設備的隱患進行檢查。發現問題及時解決，杜絕事故的發生。

二、生產安全考核方案

一、總分

本標準以 100 分為基準分，採用扣分制。

二、有下列情況之一的，扣 25 分

1.未按規定成立安全生產領導機構的。

2.未指定專人負責安全生產日常管理工作的。

3.主管生產的領導不直接負責領導和指導安全生產工作。

4.沒有制定安全生產制度和實施辦法。

5.主要由人為因素造成重大事故，直接損失滿 10 萬元（不含機車交通事故的）。

6.人為因素造成重傷或死亡的。

7.發生重大事故隱瞞不報（超過 24 小時按瞞報論處的）。

三、有下列情況之一的，扣 20 分

1.人為因素造成事故，直接損失 1 萬元以下 10 萬元以內的（不含機動車交通事故）。

2.人為因素造成事故，導致人員受輕傷的。

3.對事故隱瞞不報或虛報（事故按有關條款扣分）的。

4.事故發生後，未在時限內對當事人做出處理意見的。

5.機動車駕駛員私自駕車造成事故（事故按有關條款處理）的。

6.接到整改通知，不按時限或要求整改的。

四、有下列情況之一的，扣 5 分

1.違章存放易燃、易爆危險品及劇毒物品。

2.未經批准將車借給他人。

3.班組未按規定指定安全員。

4.領導違章指揮一次。

5.人為因素造成事故，直接損失不滿 1 萬元的。

五、有下列情況之一的，扣 1 分

1.未進行安全生產評比活動。

2.班組安全檢查、學習無記錄。

3.無操作證的人員在特殊工種崗位上長期獨立操作。

4.按規定要上報的各類安全月報表、資料、文件、報告，未報或超時三天上報。

5.規定要派人參加的各類安全生產活動、會議，缺 1 人次。

6.特殊工種班組，缺集中安全學習記錄(兩個月一次，機動車駕駛員每月一次)。

7.事故處理、安全學習等原始資料不全。

8.職工違章操作。

9.違章存放一般易燃品(如紙品)。

10.上級單位或企業檢查時，發現隱患。

11.通過群眾反映、上級查詢才報告的各類事實、隱患。

12.防火設施不完善。

13.駕駛員班後不按規定將車輛停放在指定地點。

六、特大事故處理如發生各種特大事故及影響重大的事故，由企業安全生產委員會專項研究處理。

七、補充說明遇本文未提及的情況，由企業安全生產委員會另作處理意見。

八、執行本標準由企業安全生產委員會辦公室負責解釋。

三、生產安全考核細則

一、企業安全生產管理指標細化

1.輕傷事故控制指標：2007 年下半年控制在 21 起內。

2.重傷事故、職業性危害控制指標：0 起。

3.重大安全生產事故控制指標：0 起。重大安全生產事故範圍包括火災事故、爆炸事故、氨氣洩漏事故、化學危險品洩漏事故等。

4.違反操作規程人次控制指標：3～5 次/月。

二、安全管理指標分解表

為明確責任，將各工廠的安全指標分解如下。

各工廠安全指標表

部門	2007 年下半年日常安全檢查控制指標違規人次、隱患(次/月)	2007 下半年輕傷事故控制指標	2007 下半年重傷事故、重大安全生產事故控制指標	2007 下半年專項檢查頻次/指標分數
X1	X2	X3	X4	X5
冷壓工廠	3	2	0	3/80
熱壓工廠	3	2	0	3/80
基體工廠	3	3	0	3/70
後處理工廠	5	4	0	3/70
機加工工廠	3	4	0	3/70
包裝工廠	3	1	0	3/80

三、安全生產責任制考核實施細則

(一)考核分數範圍

1.考核基數為 100 分。

2.當月考核分數最低為 0 分。

3. 當月考核分數最高分為 150 分（6 月、12 月最高分為 200 分）。

（二）安全生產責任制考核細則

1. 輕傷事故考核

（1）輕傷事故以半年為考核週期；發生起數在控制指標（表中 X3 項）內，不扣分。

（2）發生輕傷事故起數超過控制指標，每起扣罰分數：NX=30 分 +（實際起數－指標起數）×10；輕傷事故考核項當月扣罰分數：A1=∑NX（A1≤100）。

（3）輕傷事故起數低於控制指標，獎勵分數：B1=（指標起數－實際起數）×30（B1≤100）。每年 6 月份、12 月份兌現獎勵分數。

2. 日常安全檢查考核

（1）當月日常安全檢查違反操作規程人次與事故隱患之和以表中 X2 項為控制指標，每超過 1 次扣罰 5 分。

A2=（實際違規次數－指標次數）×5

（2）日常安全檢查連續兩月未超過指標，獎勵分數 10 分（不累計）：B2=10 分。

3. 專項安全檢查考核

（1）專項安全檢查由安委會在檢查前制訂安全檢查表，確定檢查項目及打分標準（滿分為 100 分）。檢查分數低於指標（表中）（5 項）扣罰分數如下：A3=20+（指標分數－實際分數）。

（2）專項安全檢查獎勵分數如下：B3=實際分數－指標分數。

4. 其他項目考核

（1）未按時落實安全技術措施，扣罰分數：A4=10 分。

（2）未按時完成安全工作計劃、報表，扣罰分數：A5=10 分。

（3）發生工傷事故未按規定上報，扣罰分數：A6=20 分。

5. 當月安全生產考核分數：N=100－∑Ax+∑Bx

6. 重傷事故、職業危害、重大安全生產事故，執行安全生產一票否決權。

四、說明

1. 違反操作規程人次以安委會巡檢記錄為準。

2. 工傷事故指標中，不包含損失 3 個工作日以內的微傷事故。

3. 對於事故責任人的處罰按公司相關規定執行。

4. 重傷事故及職業危害由人力資源部和安保部依據法律、標準規定的程序確定。

5. 火災事故、爆炸事故、氨氣洩漏事故、化學危險品洩漏事故等重大安全生產事故的事故責任由企業安委會確定。

6. 事故隱患依據生產安全檢查表檢查。

心得欄

臺灣的核心競爭力，就在這裏！

圖 書 出 版 目 錄

下列圖書是由臺灣的憲業企管顧問（集團）公司所出版，以專業立場，50 位顧問師為企業界提供最專業的經營管理類圖書。

1. 傳播書香社會，直接向本出版社購買，一律 9 折優惠，郵遞費用由本公司負擔。服務電話 (02) 27622241　(03) 9310960　　傳真 (03) 9310961
2. 付款方式：請將書款轉帳到我公司下列的銀行帳戶。

・銀行名稱：合作金庫銀行（敦南分行）　帳號：5034-717-347447
　公司名稱：憲業企管顧問有限公司

・郵局劃撥號碼：18410591　郵局劃撥戶名：憲業企管顧問公司

3. 圖書出版資料隨時更新，請見網站 www.bookstore99.com

經營顧問叢書

25	王永慶的經營管理	360 元
32	企業併購技巧	360 元
33	新產品上市行銷案例	360 元
47	營業部門推銷技巧	390 元
52	堅持一定成功	360 元
56	對準目標	360 元
58	大客戶行銷戰略	360 元
60	寶潔品牌操作手冊	360 元
72	傳銷致富	360 元
76	如何打造企業贏利模式	360 元
78	財務經理手冊	360 元
79	財務診斷技巧	360 元
85	生產管理制度化	360 元
86	企劃管理制度化	360 元
91	汽車販賣技巧大公開	360 元
97	企業收款管理	360 元

100	幹部決定執行力	360 元
106	提升領導力培訓遊戲	360 元
114	職位分析與工作設計	360 元
116	新產品開發與銷售	400 元
122	熱愛工作	360 元
124	客戶無法拒絕的成交技巧	360 元
125	部門經營計劃工作	360 元
129	邁克爾・波特的戰略智慧	360 元
130	如何制定企業經營戰略	360 元
132	有效解決問題的溝通技巧	360 元
135	成敗關鍵的談判技巧	360 元
137	生產部門、行銷部門績效考核手冊	360 元
138	管理部門績效考核手冊	360 元
139	行銷機能診斷	360 元
140	企業如何節流	360 元

257	會議手冊	360 元
258	如何處理員工離職問題	360 元
259	提高工作效率	360 元
261	員工招聘性向測試方法	360 元
262	解決問題	360 元
263	微利時代制勝法寶	360 元
264	如何拿到 VC（風險投資）的錢	360 元
265	如何撰寫職位說明書	360 元
267	促銷管理實務〈增訂五版〉	360 元
268	顧客情報管理技巧	360 元
269	如何改善企業組織績效〈增訂二版〉	360 元
270	低調才是大智慧	360 元
272	主管必備的授權技巧	360 元
275	主管如何激勵部屬	360 元
276	輕鬆擁有幽默口才	360 元
277	各部門年度計劃工作（增訂二版）	360 元
278	面試主考官工作實務	360 元
279	總經理重點工作（增訂二版）	360 元
282	如何提高市場佔有率（增訂二版）	360 元
283	財務部流程規範化管理（增訂二版）	360 元
284	時間管理手冊	360 元
285	人事經理操作手冊（增訂二版）	360 元
286	贏得競爭優勢的模仿戰略	360 元
287	電話推銷培訓教材（增訂三版）	360 元
288	贏在細節管理（增訂二版）	360 元
289	企業識別系統 CIS（增訂二版）	360 元
290	部門主管手冊（增訂五版）	360 元
291	財務查帳技巧（增訂二版）	360 元
292	商業簡報技巧	360 元
293	業務員疑難雜症與對策（增訂二版）	360 元
294	內部控制規範手冊	360 元
295	哈佛領導力課程	360 元

296	如何診斷企業財務狀況	360 元
297	營業部轄區管理規範工具書	360 元
298	售後服務手冊	360 元
299	業績倍增的銷售技巧	400 元
300	行政部流程規範化管理（增訂二版）	400 元
301	如何撰寫商業計畫書	400 元
302	行銷部流程規範化管理（增訂二版）	400 元
303	人力資源部流程規範化管理（增訂四版）	420 元
304	生產部流程規範化管理（增訂二版）	400 元
305	績效考核手冊(增訂二版)	400 元

《商店叢書》

10	賣場管理	360 元
18	店員推銷技巧	360 元
30	特許連鎖業經營技巧	360 元
35	商店標準操作流程	360 元
36	商店導購口才專業培訓	360 元
37	速食店操作手冊〈增訂二版〉	360 元
38	網路商店創業手冊〈增訂二版〉	360 元
40	商店診斷實務	360 元
41	店鋪商品管理手冊	360 元
42	店員操作手冊（增訂三版）	360 元
43	如何撰寫連鎖業營運手冊〈增訂二版〉	360 元
44	店長如何提升業績〈增訂二版〉	360 元
45	向肯德基學習連鎖經營〈增訂二版〉	360 元
46	連鎖店督導師手冊	360 元
47	賣場如何經營會員制俱樂部	360 元
48	賣場銷量神奇交叉分析	360 元
49	商場促銷法寶	360 元
50	連鎖店操作手冊(增訂四版)	360 元
51	開店創業手冊〈增訂三版〉	360 元
52	店長操作手冊（增訂五版）	360 元
53	餐飲業工作規範	360 元
54	有效的店員銷售技巧	360 元

55	如何開創連鎖體系〈增訂三版〉	360 元
56	開一家穩賺不賠的網路商店	360 元
57	連鎖業開店複製流程	360 元
58	商舖業績提升技巧	360 元
59	店員工作規範（增訂二版）	400 元
60	連鎖業加盟合約	

《工廠叢書》

5	品質管理標準流程	380 元
9	ISO 9000 管理實戰案例	380 元
10	生產管理制度化	360 元
11	ISO 認證必備手冊	380 元
12	生產設備管理	380 元
13	品管員操作手冊	380 元
15	工廠設備維護手冊	380 元
16	品管圈活動指南	380 元
17	品管圈推動實務	380 元
20	如何推動提案制度	380 元
24	六西格瑪管理手冊	380 元
30	生產績效診斷與評估	380 元
32	如何藉助 IE 提升業績	380 元
35	目視管理案例大全	380 元
38	目視管理操作技巧（增訂二版）	380 元
46	降低生產成本	380 元
47	物流配送績效管理	380 元
49	6S 管理必備手冊	380 元
51	透視流程改善技巧	380 元
55	企業標準化的創建與推動	380 元
56	精細化生產管理	380 元
57	品質管制手法〈增訂二版〉	380 元
58	如何改善生產績效〈增訂二版〉	380 元
67	生產訂單管理步驟〈增訂二版〉	380 元
68	打造一流的生產作業廠區	380 元
70	如何控制不良品〈增訂二版〉	380 元
71	全面消除生產浪費	380 元
72	現場工程改善應用手冊	380 元
75	生產計劃的規劃與執行	380 元
77	確保新產品開發成功（增訂四版）	380 元

78	商品管理流程控制(增訂三版)	380 元
79	6S 管理運作技巧	380 元
80	工廠管理標準作業流程〈增訂二版〉	380 元
81	部門績效考核的量化管理（增訂五版）	380 元
82	採購管理實務〈增訂五版〉	380 元
83	品管部經理操作規範〈增訂二版〉	380 元
84	供應商管理手冊	380 元
85	採購管理工作細則〈增訂二版〉	380 元
86	如何管理倉庫（增訂七版）	380 元
87	物料管理控制實務〈增訂二版〉	380 元
88	豐田現場管理技巧	380 元
89	生產現場管理實戰案例〈增訂三版〉	380 元
90	如何推動 5S 管理（增訂五版）	420 元
91	採購談判與議價技巧	420 元
92	生產主管操作手冊(增訂五版)	420 元

《醫學保健叢書》

1	9 週加強免疫能力	320 元
3	如何克服失眠	320 元
4	美麗肌膚有妙方	320 元
5	減肥瘦身一定成功	360 元
6	輕鬆懷孕手冊	360 元
7	育兒保健手冊	360 元
8	輕鬆坐月子	360 元
11	排毒養生方法	360 元
12	淨化血液　強化血管	360 元
13	排除體內毒素	360 元
14	排除便秘困擾	360 元
15	維生素保健全書	360 元
16	腎臟病患者的治療與保健	360 元
17	肝病患者的治療與保健	360 元
18	糖尿病患者的治療與保健	360 元
19	高血壓患者的治療與保健	360 元
22	給老爸老媽的保健全書	360 元
23	如何降低高血壓	360 元
24	如何治療糖尿病	360 元

25	如何降低膽固醇	360 元
26	人體器官使用說明書	360 元
27	這樣喝水最健康	360 元
28	輕鬆排毒方法	360 元
29	中醫養生手冊	360 元
30	孕婦手冊	360 元
31	育兒手冊	360 元
32	幾千年的中醫養生方法	360 元
34	糖尿病治療全書	360 元
35	活到 120 歲的飲食方法	360 元
36	7 天克服便秘	360 元
37	為長壽做準備	360 元
39	拒絕三高有方法	360 元
40	一定要懷孕	360 元
41	提高免疫力可抵抗癌症	360 元
42	生男生女有技巧〈增訂三版〉	360 元

《培訓叢書》

11	培訓師的現場培訓技巧	360 元
12	培訓師的演講技巧	360 元
14	解決問題能力的培訓技巧	360 元
15	戶外培訓活動實施技巧	360 元
16	提升團隊精神的培訓遊戲	360 元
17	針對部門主管的培訓遊戲	360 元
20	銷售部門培訓遊戲	360 元
21	培訓部門經理操作手冊（增訂三版）	360 元
22	企業培訓活動的破冰遊戲	360 元
23	培訓部門流程規範化管理	360 元
24	領導技巧培訓遊戲	360 元
25	企業培訓遊戲大全(增訂三版)	360 元
26	提升服務品質培訓遊戲	360 元
27	執行能力培訓遊戲	360 元
28	企業如何培訓內部講師	360 元
29	培訓師手冊（增訂五版）	420 元

《傳銷叢書》

4	傳銷致富	360 元
5	傳銷培訓課程	360 元
7	快速建立傳銷團隊	360 元
10	頂尖傳銷術	360 元
11	傳銷話術的奧妙	360 元

12	現在輪到你成功	350 元
13	鑽石傳銷商培訓手冊	350 元
14	傳銷皇帝的激勵技巧	360 元
15	傳銷皇帝的溝通技巧	360 元
17	傳銷領袖	360 元
18	傳銷成功技巧（增訂四版）	360 元
19	傳銷分享會運作範例	360 元

《幼兒培育叢書》

1	如何培育傑出子女	360 元
2	培育財富子女	360 元
3	如何激發孩子的學習潛能	360 元
4	鼓勵孩子	360 元
5	別溺愛孩子	360 元
6	孩子考第一名	360 元
7	父母要如何與孩子溝通	360 元
8	父母要如何培養孩子的好習慣	360 元
9	父母要如何激發孩子學習潛能	360 元
10	如何讓孩子變得堅強自信	360 元

《成功叢書》

1	猶太富翁經商智慧	360 元
2	致富鑽石法則	360 元
3	發現財富密碼	360 元

《企業傳記叢書》

1	零售巨人沃爾瑪	360 元
2	大型企業失敗啟示錄	360 元
3	企業併購始祖洛克菲勒	360 元
4	透視戴爾經營技巧	360 元
5	亞馬遜網路書店傳奇	360 元
6	動物智慧的企業競爭啟示	320 元
7	CEO 拯救企業	360 元
8	世界首富 宜家王國	360 元
9	航空巨人波音傳奇	360 元
10	傳媒併購大亨	360 元

《智慧叢書》

1	禪的智慧	360 元
2	生活禪	360 元
3	易經的智慧	360 元
4	禪的管理大智慧	360 元
5	改變命運的人生智慧	360 元
6	如何吸取中庸智慧	360 元

7	如何吸取老子智慧	360 元
8	如何吸取易經智慧	360 元
9	經濟大崩潰	360 元
10	有趣的生活經濟學	360 元
11	低調才是大智慧	360 元

《DIY 叢書》

1	居家節約竅門 DIY	360 元
2	愛護汽車 DIY	360 元
3	現代居家風水 DIY	360 元
4	居家收納整理 DIY	360 元
5	廚房竅門 DIY	360 元
6	家庭裝修 DIY	360 元
7	省油大作戰	360 元

《財務管理叢書》

1	如何編制部門年度預算	360 元
2	財務查帳技巧	360 元
3	財務經理手冊	360 元
4	財務診斷技巧	360 元
5	內部控制實務	360 元
6	財務管理制度化	360 元
8	財務部流程規範化管理	360 元
9	如何推動利潤中心制度	360 元

為方便讀者選購，本公司將一部分上述圖書又加以專門分類如下：

《企業制度叢書》

1	行銷管理制度化	360 元
2	財務管理制度化	360 元
3	人事管理制度化	360 元
4	總務管理制度化	360 元
5	生產管理制度化	360 元
6	企劃管理制度化	360 元

《主管叢書》

1	部門主管手冊（增訂五版）	360 元
2	總經理行動手冊	360 元
4	生產主管操作手冊	380 元
5	店長操作手冊（增訂五版）	360 元

6	財務經理手冊	360 元
7	人事經理操作手冊	360 元
8	行銷總監工作指引	360 元
9	行銷總監實戰案例	360 元

《總經理叢書》

1	總經理如何經營公司（增訂二版）	360 元
2	總經理如何管理公司	360 元
3	總經理如何領導成功團隊	360 元
4	總經理如何熟悉財務控制	360 元
5	總經理如何靈活調動資金	360 元

《人事管理叢書》

1	人事經理操作手冊	360 元
2	員工招聘操作手冊	360 元
3	員工招聘性向測試方法	360 元
4	職位分析與工作設計	360 元
5	總務部門重點工作	360 元
6	如何識別人才	360 元
7	如何處理員工離職問題	360 元
8	人力資源部流程規範化管理（增訂三版）	360 元
9	面試主考官工作實務	360 元
10	主管如何激勵部屬	360 元
11	主管必備的授權技巧	360 元
12	部門主管手冊（增訂五版）	360 元

《理財叢書》

1	巴菲特股票投資忠告	360 元
2	受益一生的投資理財	360 元
3	終身理財計劃	360 元
4	如何投資黃金	360 元
5	巴菲特投資必贏技巧	360 元
6	投資基金賺錢方法	360 元
7	索羅斯的基金投資必贏忠告	360 元
8	巴菲特為何投資比亞迪	360 元

《網路行銷叢書》

1	網路商店創業手冊〈增訂二版〉	360 元
2	網路商店管理手冊	360 元
3	網路行銷技巧	360 元
4	商業網站成功密碼	360 元
5	電子郵件成功技巧	360 元

6	搜索引擎行銷	360元

《企業計劃叢書》

1	企業經營計劃〈增訂二版〉	360元
2	各部門年度計劃工作	360元
3	各部門編制預算工作	360元
4	經營分析	360元
5	企業戰略執行手冊	360元

《經濟叢書》

1	經濟大崩潰	360元
2	石油戰爭揭秘(即將出版)	

在海外出差的………
台灣上班族

愈來愈多的台灣上班族，到海外工作（或海外出差），對工作的努力與敬業，是台灣上班族的核心競爭力；一個明顯的例子，返台休假期間，台灣上班族都會抽空再買書，設法充實自身專業能力。

[憲業企管顧問公司]以專業立場，為企業界提供最專業的各種經營管理類圖書。

85%的台灣上班族都曾經有過購買（或閱讀）[憲業企管顧問公司]所出版的各種企管圖書。

建議你：工作之餘要多看書，加強競爭力。

建立企業圖書館

當市場競爭激烈時：

培訓員工，強化員工競爭力
是企業最佳對策

「人才」是企業最大的財富。如何提升人才，是企業永續經營、戰勝對手的核心競爭力。積極培訓公司內部員工，是經濟不景氣時期的最佳戰略，而最快速的具體作法，就是「建立企業內部圖書館，鼓勵員工多閱讀、多進修專業書籍」

建議您：請一次購足本公司所出版各種經營管理類圖書，作為貴公司內部員工培訓圖書。使用率高的（例如「贏在細節管理」），準備 3 本；使用率低的（例如「工廠設備維護手冊」），只買 1 本。

經營顧問叢書 ⑶⑷　　　　　售價：400 元

生產部流程規範化管理（增訂二版）

| 西元二〇一四年八月 | 增訂二版一刷 |
| 西元二〇〇八年三月 | 初版一刷 |

編輯指導：黃憲仁

編著：劉福海

策劃：麥可國際出版有限公司（新加坡）

編輯：蕭玲

校對：劉飛娟

發行人：黃憲仁

發行所：憲業企管顧問有限公司

電話：(02) 2762-2241　　(03) 9310960　　0930872873

電子郵件聯絡信箱：huang2838@yahoo.com.tw

銀行 ATM 轉帳：合作金庫銀行　　帳號：5034-717-347447

郵政劃撥：18410591　　憲業企管顧問有限公司

江祖平律師顧問：紙品書、數位書著作權與版權均歸本公司所有

登記證：行政業新聞局版台業字第 6380 號

本公司徵求海外版權出版代理商 (0930872873)

本圖書是由憲業企管顧問（集團）公司所出版，以專業立場，為企業界提供最專業的各種經營管理類圖書。

圖書編號 ISBN：978-986-369-002-3